Stefan Werner Kienzle:

Untersuchungen zur Flußversalzung im Einzugsgebiet
des Breede Flusses, Westliche Kapprovinz, Republik Südafrika

(Verw: Af - G - V)

HEIDELBERGER GEOGRAPHISCHE ARBEITEN

Herausgeber: Dietrich Barsch, Werner Fricke und Peter Meusburger

Schriftleitung: Gerold Olbrich und Heinz Musall

Heft 99

Im Selbstverlag des Geographischen Instituts der Universität Heidelberg

1995

Untersuchungen zur Flußversalzung im Einzugsgebiet des Breede Flusses, Westliche Kapprovinz, Republik Südafrika

von

Stefan Werner Kienzle

Mit 55 Abbildungen, 28 Tabellen und Summary

ISBN 3-88570-099-9

Im Selbstverlag des Geographischen Instituts der Universität Heidelberg

1995

Die vorliegende Arbeit wurde von der Naturwissenschaftlich-Mathematischen Gesamtfakultät der Ruprecht-Karls-Universität Heidelberg als Dissertation angenommen.

Tag der mündlichen Prüfung: 8. Juli 1993

Referent: Prof. Dr. Dietrich Barsch
Korreferent: Prof. Dr. Wolfgang-Albert Flügel

ISBN 3-88570-099-9

Für Shellie

Sine aqua nihil.

VORWORT UND DANKSAGUNG

Die vorliegende Arbeit hat zum Ziel, die Salzdynamik im oberen und mittleren Teil des Breede River Einzugsgebietes in der Westlichen Kapprovinz Südafrikas zu charakterisieren und zu quantifizieren. Dabei stehen die räumliche und zeitliche Differenzierung sowie die langzeitige Veränderung der kombinierten hydrologisch-hydrochemischen Dynamik und die Erfassung langzeitlicher Veränderungen durch Reihenuntersuchungen im Vordergrund.

Die Arbeit begann im Rahmen des Forschungsprojektes *Breede River Salination Research Programme* im Hydrological Research Institute des Department of Water Affairs in Pretoria, Südafrika, im Jahre 1988. Sie wurde am Department of Agricultural Engineering, University of Natal, Pietermaritzburg, abgeschlossen.

Besonderer Dank gebührt Herrn Prof. Dr. D. Barsch für seine wertvollen Anregungen und seine Bereitschaft, die Arbeit von Deutschland aus zu unterstützen und zu betreuen. Meinem damaligen Projektleiter und Lehrer, Herrn Prof. Dr. W.-A. Flügel, Universität Jena, bin ich für seine ständige Unterstützung und kritische Betreuung bei der Erstellung der vorliegenden Arbeit zu Dank verpflichtet. Ebenso bin ich Herrn em. o. Prof. Dr. H. Zakosek, Universität Bonn, für seine wertvollen Beiträge bei diversen Feldbegehungen verbunden.

Weiterhin danke ich dem Department of Water Affairs in Pretoria sowie dem Computer Centre for Water Research in Pietermaritzburg für die Bereitstellung eines Teils des umfangreichen Datenmaterials. Den Herren A. Joubert und M. Acker sei für ihre unterstützende Arbeit im Felde und den Damen A. Faber und P. Meyer für ihre technische Unterstützung am Hydrological Research Institute gedankt. Dank gebührt ebenso Herrn Prof. R. Schulze für seine Unterstützung der Arbeit am Department of Agricultural Engineering sowie meinen Kollegen S. Lynch und meiner Kollegin R. Dutlow für ihre Hilfe bei der Anwendungen des Geoinformationssystems.

Für die Aufnahme der vorliegenden Arbeit in die Heidelberger Geographischen Arbeiten danke ich den Herausgebern Professor Dr. D. Barsch, Professor Dr. W. Fricke und Professor Dr. P. Meusburger. Mein Dank gilt auch den Herren Dipl.-Geogr. G. Olbrich und Dipl.-Ing. S. Scherer für ihre Unterstützung bei der Drucklegung. Weiterhin danke ich der Kurt-Hiehle-Stiftung für die großzügige Bereitstellung eines Druckkostenzuschusses.

Schließlich gilt mein besonderer Dank meiner Frau Shellie für ihre Geduld und ständige Unterstützung.

INHALTSVERZEICHNIS

ABBILDUNGSVERZEICHNIS

TABELLENVERZEICHNIS

Tabellen im Anhang

1. FLUSSVERSALZUNG: EINFÜHRUNG UND ÜBERBLICK

1.1 Einleitung

Die steigende Nutzung der Wasserreserven durch den wirtschaftenden Menschen gewinnt weltweit an Bedeutung. Die Bewässerungswirtschaft stellt mit einer geschätzten Nutzungskapazität der globalen Süßwasserreserven zwischen 50 und 60 % (GLOBAL 2000, 1981) den eindeutig dominierenden Wasserkonsumenten dar. Da die Bewässerungswirtschaft eine bedeutende Maßnahme zur Steigerung der Weltnahrungsmittelproduktion und Verringerung der Produktionsinstabilität darstellt, ist sie in der heutigen Welt unverzichtbar und wird auch zukünftig intensiviert und auf neue Flächen ausgedehnt werden müssen.

Die Vergrößerung der Bewässerungsflächen ist in den Regionen mit semi-aridem oder aridem Klima mit z. T. erheblichen ökologischen Problemen verbunden. Die Beeinträchtigung der Wasserqualität von Flüssen und Seen durch die Einleitung von Abwässern und die Belastung mit Salzen stellt die Bewässerungswirtschaft vor besondere Aufgaben. Die im Zusammenhang mit dem Bewässerungslandbau in semi-ariden Räumen auftretende Flußversalzung trägt wesentlich zur Beeinträchtigung der Süßwasserreserven bei.

Als Folge des Rückflusses von Bewässerungswasser steigt der Salzgehalt im Vorfluter mit der Ausdehnung der Bewässerungsfläche an. Diese Versalzungsdynamik wurde aus den USA (WILCOX, 1962; PONCE & HAWKINS, 1978; MILLER *et al.*, 1981) und Australien (HILLMAN, 1981; LOH & STROKES, 1981; PECK *et al.*, 1983) berichtet. Daneben liegen Untersuchungen mit den gleichen Auswirkungen aus anderen ariden Ländern vor, wie Berichte aus Kanada (HARKER & PATERSON, 1982), den UdSSR (STEPANOV & CHEMBARISOV, 1978; LEONOV, 1979), Indien (TYAGI, 1986), Pakistan (ECKHOLM, 1975), Irak (AYERS & WESTCOTT, 1976) und Südafrika (MOOLMAN *et al.*, 1983; FLÜGEL & KIENZLE, 1989) aufzeigen.

Zu den Folgen des steigenden Salzgehaltes von Flüssen gehören Ernteverluste beim Bewässerungslandbau mit Flußwasser, Aufgabe der Ackerflächen, Korrosion und Versinterung von Industrieanlagen und Haushaltsgeräten, Darmerkrankungen bei Menschen und Tieren (PECK *et al.*, 1983) sowie die häufig beobachtete Verringerung der Artenvielfalt von Fauna und Flora in natürlichen Gewässern. Die durch Bewässerung hervorgerufene oder verstärkte Salzbelastung der Flüsse kann in Trockengebieten solche Ausmaße erreichen, daß das Flußwasser flußabwärts für die weitere Verwendung in der Landwirtschaft oder Industrie unbrauchbar wird.

Schon heute sind das Ausmaß der Flußversalzung und die implizierten ökologischen Einwirkungen und ökonomischen Konsequenzen immens. Es bedarf eines großen technischen und organisatorischen Aufwandes, um den Salzgehalt von

Flüssen zu kontrollieren. Hierzu gehören z. B. der Bau großer Entsalzungsanlagen in Bewässerungsgebieten in den USA oder aufwendige Kanalsysteme, um das salzhaltige Rückflußwasser vom natürlichen Flußwasser getrennt zu halten. Weitere Bewirtschaftungsmaßnahmen sind die genaue Bemessung der Bewässerungsgaben mit dem Ziel, die Salze nicht mehr in den Vorfluter auszuwaschen, sondern in Bodenzonen unterhalb der Wurzelzone zu verlagern. Darüber hinaus kann der Salzgehalt von Flüssen durch Verdünnung mit Frischwasser auf einem akzeptablen Niveau gehalten werden.

Flußversalzung kann regional zu ernsten wirtschaftlichen Einbußen führen, insbesondere im landwirtschaftlichen Sektor. Zudem wird der Verursachung der Flußversalzung ökologisch noch nicht ausreichend Beachtung geschenkt (GARBRECHT, 1987; WILLIAMS, 1987). Für die Lösung der hier kurz skizzierten Versalzungsproblematik und für die optimale Nutzung der Wasserreserven ist es unerläßlich, gesicherte quantitative Vorstellungen der Versalzungsdynamik innerhalb von Bewässerungsgebieten zu entwickeln. Hierzu ist die Bedeutung der beteiligten Geofaktoren sowie der Landnutzung auf den Stoffkreislauf zu bestimmen, um im Sinne LESERS (1973) auch für die Bewässerungswirtschaft eine planmäßige Erschließung, Nutzung und Erhaltung des natürlichen Potentials der Erdräume zu ermöglichen.

1.2 Problemstellung

Der Breede River (im folgenden wird der Eigenname *Breede River* für den Breede Fluß verwendet) stellt mit seinen Nebenflüssen eines der wichtigsten Flußsysteme in der westlichen Kapprovinz dar. Sein 12596 km^2 umfassendes Einzugsgebiet produziert einen mittleren jährlichen Abfluß von etwa 1750 Mio. m^3 (etwa 21 % des mittleren jährlichen Niederschlags). Von dem für 1980 auf 772 Mio. m^3 geschätzten Gesamtwasserbedarf betrug der Anteil für die Bewässerungswirtschaft 77 % (DEPARTMENT OF WATER AFFAIRS, 1986). Das am intensivsten genutzte Gebiet für die Bewässerungslandwirtschaft befindet sich im 6700 km^2 großen oberen und mittleren Teil des Einzugsgebietes, das als das produktivste Obst- und Weinanbaugebiet Südafrikas gilt (CENTRAL STATISTICAL SERVICE, 1986).

Vor allem im mittleren Teil des Einzugsgebietes, von dessen 100 000 ha an potentiell bewässerbaren Böden heute etwa 26 000 ha unter Bewässerung stehen, wird eine Expansion der Bewässerungsflächen auf das wasserwirtschaftliche Maximum von 45 000 ha bis zum Jahre 2010 erwartet (DEPARTMENT OF WATER AFFAIRS, 1991). Hier stellt die Öffnung und Ausweitung des Weltmarktes für südafrikanische Produkte in der nahen Zukunft einen wichtigen Impuls dar.

Das wesentliche wasserwirtschaftliche Problem des Breede River ist seine Doppelfunktion im Bereich des Mittellaufs. Er dient einerseits als Hauptversorgungskanal

2

für Bewässerungswasser und andererseits als Empfänger von salzreichem Rück-flußwasser aus den Bewässerungsgebieten, das von den Nebenflüssen und dem Grundwasser zugeführt wird. Mit der durch die Ausdehnung und Intensivierung der Bewässerungswirtschaft implizierten Zunahme des Wasserrückflusses aus den Bewässerungsgebieten steigt der Salzgehalt im Breede River und seinen Nebenflüssen fortschreitend an (MOOLMAN *et al.*, 1983; FLÜGEL & KIENZLE, 1989).

Obwohl der Salzgehalt des Breede River heute durch Verdünnung mit salzarmen Wasser während der Bewässerungszeit erfolgreich reguliert werden kann, läßt eine Ausdehnung der Bewässerungsgebiete mittelfristig Schwierigkeiten hinsichtlich der Vorfluterversalzung erwarten.

Hieraus ergibt sich die Notwendigkeit nach einer genaueren Erforschung der Versalzungsdynamik, die im Jahre 1985 zum Beginn des *Breede River Salination Research Program* des Department of Water Affairs führte. Ein wichtiger Aspekt des Forschungsprogramms war die Untersuchung der Versalzungsdynamik der beteiligten Vorfluter hinsichtlich der Abhängigkeit von wichtigen Geofaktoren und der Bewässerungswirtschaft, um die Relevanz der Bewässerungswirtschaft hinsichtlich in der Versalzung der Vorfluter räumlich und zeitlich qualifizieren und quantifizieren zu können.

1.3 Zielsetzung und methodischer Ansatz

Die Charakterisierung und Quantifizierung der Salzdynamik des Breede River und seiner Nebenflüsse im Gebiet des Ober- und Mittellaufes stellen das wesentliche Ziel der vorliegenden Arbeit dar. Dabei stehen die räumliche und zeitliche Differenzierung sowie die langzeitlichen Veränderungen der kombinierten hydrologisch-hydrochemischen Dynamik und Erfassung langzeitlicher Veränderungen durch Reihenuntersuchungen im Vordergrund. Der Erstellung von Aussagen über den Einfluß der beteiligten Geofaktoren, insbesondere der Bewässerungswirtschaft, auf die Salzdynamik von Vorflutern kommt hierbei eine besondere Bedeutung zu.

Zur Realisierung dieser Zielsetzung sind methodisch folgende Untersuchungs-schwerpunkte zu bearbeiten und systemanalytisch zu interpretieren:

a. Kartographische Erfassung und Digitalisierung der Einzugsgebiete aller 52 zur Verfügung stehenden Pegel bzw. Meßstationen.
b. Untersuchung der Salzdynamik von 52 Vorflutern auf der Grundlage eines routinemäßig durchgeführten Meßprogramms, in dem Abfluß und Wasser-chemismus in z. T. täglichen Abständen erhoben wurden.
c. Bestimmung des Gebietsniederschlags und des atmosphärischen Salzeintrags sowie Bewertung seiner Relevanz für den Salzgehalt der Vorfluter.

d. Abflußkomponentenseparation ausgewählter Pegelstellen durch Analyse von Abfluß- und Salzgehaltganglinien sowie Untersuchung des Hystereseeffektes.

e. Verknüpfung ausgewählter natürlichen Tracerionen und Ionenverhältnisse mit Abflußdaten zur Abgrenzung der Salzeintragsquellen (engl.: "chemical finger-printing").

f. Einbeziehung eines Geo-Informationssystems (GIS) zur Erfassung und Quantifizierung von Einzugsgebietskennwerten und Darstellung raumbezogener Ergebnisse.

Zur Erfassung und Bearbeitung der vorliegenden großen Datenmenge sind verschiedene EDV-Programme zu erstellen. Raumbezogene Daten werden in einem GIS erfaßt und verarbeitet. Als Ergebnis sollen räumliche Unterschiede sowie zeitliche Veränderungen von Salzkonzentration und -zusammensetzung tabellarisch oder kartographisch dargestellt werden. Hierzu gehören, neben rein statistischer Darstellung der vorliegenden Salzgehaltswerte auf Einzugsgebietsebene, die Bestimmung wichtiger Gebietskennwerte wie spezifischer Salzeintrag und -austrag sowie Abhängigkeiten zwischen Abfluß, Gebietsniederschlag oder Geologie und Salzgehalt bzw. Salzzusammensetzung. Die Ergebnisse sollen eine erweiterte Informationsgrundlage darstellen und zum Verständnis der Salzdynamik beitragen. Hierdurch wird eine verbesserte wasserwirtschaftliche Planung im Untersuchungsgebiet mit dem Ziel einer gesicherten zukünftigen Wasserversorgung ermöglicht.

1.4   Ursachen der Flußversalzung

Bei den Ursachen der Flußversalzung wird zwischen primärer und sekundärer Versalzung unterschieden. Unter primärer Versalzung versteht man die natürliche, vom Menschen nicht beeinflußte, Anreicherung von gelösten Salzen im Vorfluter. Sekundäre Flußversalzung hingegen wird vom wirtschaftenden Menschen verursacht.

1.4.1 Ursachen der primären Flußversalzung

Der Eintrag in ein Einzugsgebiet ist, gemäß der Wasserhaushaltsgleichung (1), durch die Niederschlagshöhe (N) und die Zuflußhöhe (Z) von Fremdwasser (z. B. für Bewässerung) gegeben. Aus einem Einzugsgebiet finden ober- und unterirdischer Abfluß (A_o, A_u), Wasserverluste durch Evaporation (E), Transpiration (T) und Interzeption (I) sowie Rücklage (R) im Boden-, Grundwasser- und Reservoirspeicher statt [1]:

---

[1] Die häufig in der Literatur gebrauchten Terme *Aufbrauch* (DIN 4049, 1979) und *Speicheränderung* (z. B. DYCK & PESCHKE, 1983) sind bereits gänzlich bzw. teilweise im Evapotranspirationsterm berücksichtigt.

$$N + Z = (A_o + A_u) + (E + T + I) + R \qquad (1)$$

(alle Größen in mm).

Wasser ist das wichtigste Agens für physikalische und chemische Verwitterungs- und Verlagerungsprozesse sowie für den Transport gelöster und ungelöster Stoffe in oder aus einem Einzugsgebiet. Somit läßt sich jedem Element der Wasserhaushaltsgleichung ein Salzelement (S) zuordnen, wobei der Wasserhaushalt mit dem Stoffkreislauf in Gleichung 2 verknüpft wird:

$$N \cdot S_a + Z \cdot S_k = (A_o \cdot S_{a,\,k} + A_u \cdot S_{a,\,f,\,t}) + (E \cdot S_k + T \cdot S_k + I \cdot S_k) + R \cdot S_{a,\,f,\,t} \quad (2)$$

(alle Salzelemente in mg l^{-1}).

Die Salzterme unterscheiden sich durch die Prozesse der Salzaufnahme (S_a), der Salzabgabe durch Fixierung im Boden (S_f) und des Salzaustausches (S_t). Der Salz-konzentrationsterm (S_k) beschreibt einen Zustand und hat als Eintrags-, Austrags- und Zutragsterm (z. B. Konzentration des Bewässerungswassers) Bedeutung.

Die Verknüpfung von Wasser- und Salzhaushalt zeigt, daß jeder Fluß über eine gewisse Grund- oder Basissalzfracht (FARLEY & WERRITTY, 1989) verfügt. Im englischen Sprachgebrauch haben WEBB & WALLING (1974) den Ausdruck *background water quality* für solche Vorfluter geprägt, deren Lösungsfracht das Resultat natürlicher hydrochemischer Prozesse ist. Die natürliche Basissalzfracht ist von wenigen Geofaktoren abhängig, die sich in drei Gruppen einteilen lassen:

1. Eintrag durch Niederschlag (NATIV, *et al.*, 1982; KATZ, *et al.*, 1985; CRYER, 1986),
2. Lösung aus dem geologischen Untergrund (PINDER & JONES, 1969; WEBB & WALLING, 1974; AFIFI & BRICKER, 1983; ROSENTHAL, *et al.*, 1983; SUBRAMANIAN, 1983; FRITZ, *et al.*, 1984; ZVEREV, 1984; RICHTER & KREITLER, 1986; RITTMASTER & MUELLER, 1986; RICE, *et al.*, 1989),
3. Eintrag aus den Böden (TALSMA, 1981; BACHE, 1983).

In diesen Geofaktoren wirken eine Reihe physio-chemischer Prozesse, die die Salz-fracht des Wassers auf seinem Weg durch das Einzugsgebiet beeinflussen. Zu ihnen gehören Lösung, Ausfällung, Kristallisation, Hydrolyse, Oxidation, Reduktion, Sorption sowie komplexe chemische Umformungen in mikrobiologischen Meta-bolismen und Transportprozesse wie Diffusion und Osmose. Diese Prozesse wirken unterschiedlich auf:

a. den Oberflächenabfluß (BRANSON *et al.*, 1975; PONCE & HAWKINS, 1978; FLÜGEL, 1981; EMMERICH *et al.*, 1989),
b. den Interflow (FLÜGEL, 1979),

c.   und den Grundwasserabfluß (JOHNSON, 1975; FRITZ, 1983; KATZ, 1988; RICE *et al.*, 1989).

Primäre Flußversalzung kommt in humiden Klimazonen nur in Küstennähe vor (Salzmarsch, Mangrovensumpf, Tideeinfluß). Sie tritt maßgeblich in ariden und semiariden Klimazonen infolge Salzlösung und relativer Salzanreicherung durch Verdunstung auf.

1.4.2   Ursachen der sekundären Flußversalzung

Bei der sekundären Flußversalzung ist zwischen punkthafter und flächenhafter (diffuser) Einleitung zu unterscheiden. Abwässer aus Industrie und Haushalten werden in der Regel punkthaft eingeleitet. Für den flächenhaften Eintrag ist die Landwirtschaft als wichtigster Verursacher der sekundären Flußversalzung zu nennen. Sekundäre flächenhafte Flußversalzung soll hier an Beispielen aus Gebieten mit Trockenfeldbau und Bewässerungslandwirtschaft aufgezeigt werden.

1.4.2.1   Flußversalzung infolge von Trockenfeldbau

Flußversalzung infolge von Trockenfeldbau (dryland salinity) ist in allen ariden und semi-ariden Klimazonen verbreitet und wurde insbesondere aus den USA (PIONKE, 1970; PONCE & HAWKINS, 1978; MILLER *et al.*, 1981; VAN SCHILFGAARDE, 1981), Australien (HILLMAN, 1981; LOH & STROKES, 1981; PECK *et al.*, 1983; WILLIAMS, 1987) und Südafrika (FLÜGEL, 1987, 1991) berichtet. Die Ursache der Flußversalzung bei Trockenfeldbau läßt sich durch die Störung des natürlichen hydrologischen Gleichgewichts zwischen Niederschlag, Evapotranspiration und Perkolation erklären. Durch den Ersatz der natürlichen, tiefwurzelnden Pflanzendecke mit langer Vegetationszeit wie Wald, Busch oder Grasland durch flachwurzelnde und kurzlebige Kulturpflanzen wird die Mobilisierung der natürlich akkumulierten Salze aus Boden und Gestein induziert (POHJAKAS, 1982; FLÜGEL, 1989). Ein Anstieg des häufig salzreichen Grundwassers in den Niederungen über den kritischen Grundwasserflurabstand führt zu kapillarem Aufstieg des Grundwassers und Akkumulation von Salzen im Oberboden. Diese Salze werden während der niederschlagsreichen Zeit in den Vorfluter transportiert. Ein Ansteigen des Grundwasserspiegels erhöht gleichzeitig den Gradienten zum Vorfluter und verstärkt den Grundwasseraustritt während der Trockenzeit, in die die Salze im Vorfluter nicht hinreichend verdünnt werden.

6

1.4.2.2 Flußversalzung infolge von Bewässerungswirtschaft

Die Bewässerungswirtschaft stellt die Hauptquelle der sekundären, diffusen Fluß-versalzung dar. Während beim Trockenfeldbau der aufwärts gerichtete Wasserfluß verstärkt wird, ändert der Bewässerungsfeldbau das natürlichen hydrologische System, indem es einen nach unten gerichteten Wasserstrom verursacht. Da das aufgebrachte Wasser nicht vollständig evapotranspiriert wird, muß ein Teil des Wassers oberflächlich oder nach Infiltration und Perkolation zum Grundwasser wieder zum Vorfluter fließen. Da in der Regel in Bewässerungsgebieten mit Fremd-wasserzuführung der Grundwasserstand steigt, erhöht sich der Grundwasserabfluß zum Vorfluter.

Der Anteil des Bewässerungswassers, der zum Vorfluter zurückfließt, wird als Wasserrückfluß definiert. In der anglo-amerikanischen Literatur wurde hierfür der Begriff *irrigation return flow* gebräuchlich. Dieser Begriff wird in der vorliegenden Arbeit als Eigenbegriff übernommen. Irrigation return flow findet hauptsächlich über Interflow (FLÜGEL, 1979; BARSCH & FLÜGEL, 1988) und verstärkten Grundwasserabfluß statt. Der seltener vorkommende Oberflächenabfluß infolge von Überbewässerung und alles Wasser, das ein Bewässerungskanalsystem am unterläufigen Ende wieder dem Vorfluter zugeführt wird, werden nicht dem irrigation return flow hinzugerechnet.

Zwei Prozesse werden bei Bewässerung unvermeidbar induziert und können wesentlich zur sekundären Flußversalzung beitragen: Zunahme der Salzkonzentra-tion und Salzaufnahme.

Eine Zunahme der Salzkonzentration tritt infolge von Evaporation während des Bewässerungsvorganges und anschließender Evapotranspiration in Boden und Pflanze auf. Im anglo-amerikanischen Raum wurde hierfür der Ausdruck Eva-pokonzentration (von evapoconcentration) geprägt. Er entspricht S_k in Gl. 2. Insbesondere in ariden oder semi-ariden Regionen können Verdunstungsraten von 60 % und mehr auftreten (KHARCHENKO & MADDOCK, 1982), bevor das Be-wässerungswasser die Bodenoberfläche und die Wurzelzone der Kulturpflanze erreicht. Eine Verdunstungsrate von 50 % hätte, da beim Verdampfungsprozeß die Salze fast vollständig zurückbleiben, eine Verdopplung der Salzkonzentration des Bewässerungswassers zur Folge. Für Tröpfchenbewässerung (sprinkler irrigation) berichten CLARK & FINLEY (1975) Verdunstungsraten des Bewässerungswassers zwischen 10 und 42 %.

Nachdem das Wasser auf und in den Boden gelangt ist, findet Evaporation vom Oberboden und Transpiration durch die Pflanzen statt. Wenn das Wasser infolge der osmotischen Spannung durch Wurzelhaare und Wurzelepidermis in die Wurzel-zellen eindringt, nimmt die Pflanze Hauptnährstoffe in Form von z. B. Nitrat, Sul-phat, Orthophosphat, Hydrogenkarbonat sowie Spurenelemente wie z. B. Natrium,

Chlor, Silikat und Mangan auf. Obwohl im Einzelfall Pflanzen eine signifikante Menge an Salzen aufnehmen und in ihre Zellstruktur einlagern können (Halophyten, einige Kulturpflanzen), kann man davon ausgehen, daß sie in der Regel nur einen vernachlässigbaren kleinen Anteil der in der Bodenlösung befindlichen Salze aufnehmen und speichern (SHAINBERG & OSTER, 1978). Als Folge der Evapokonzentration kann die Salzkonzentration des Bodenwassers um das zwei- bis fünffache ansteigen (SHAINBERG & OSTER, 1978).

Um die Produktivität der Felder zu erhalten, ist es in ariden und semi-ariden Bewässerungsgebieten notwendig, der kontinuierlichen Salzanreicherung im Boden durch regelmäßiges Auswaschen der Salze entgegenzuwirken. Der Auswaschungsbedarf (leaching requirement, LR) ist der Anteil des in den Boden gelangenden Bewässerungswassers, der die Wurzelzone passiert und in tiefere Zonen perkoliert (SHAINBERG & OSTER, 1978). Der Auswaschungsbedarf ist entsprechend Gl. 3 vom Salzgehalt des Bewässerungswassers (dargestellt als elektrische Leitfähigkeit, EC_i) und der Salztoleranz der Kulturpflanze (höchster tolerierbare elektrische Leitfähigkeit, EC_{dm}) abhängig. Der Auswaschungsbedarf kann auch als der Quotient aus der minimalen Wassermenge, die notwendig ist, um eine hohe Produktivität zu gewährleisten (D_{dm}), und der Bewässerungsmenge (D_i) ausgedrückt werden (SHAINBERG & OSTER, 1978):

$$LR = \frac{EC_i}{EC_{dm}} = \frac{D_{dm}}{D_i} \tag{3}$$

Die Auswaschungsrate (leaching fraction, LF) ist das Verhältnis zwischen der Wassermenge, die die unterhalb die Wurzelzone perkoliert (D_d), und der Bewässerungsmenge:

$$LF = \frac{D_d}{D_i} \cdot 100 \tag{4}$$

Bei einer Erhöhung der Auswaschungsrate oder bei Verringerung des Salzgehaltes des Bewässerungswassers steigt im allgemeinen der Salzgehalt des Dränagewassers infolge von Salzlösung (SHAINBERG & OSTER, 1978). In diesem Sinn haben RHOADES et al. (1974) bei Lysimeterversuchen eine Verdreifachung des Salzgehaltes des Dränagewassers bei einer Auswaschungsrate von 30% nachgewiesen. Demgegenüber fand bei der Untersuchung eine Abnahme des Salzgehaltes im Vorfluter infolge von Ausfällung von Salzen im Boden bei einer Auswaschungsrate der im Boden gelösten Salze von 10% statt.

Salzanreicherung ereignet sich infolge von Salzmischung während des Kontaktes von salzarmen Wasser mit der salzreicheren Bodenlösung. Die Salze im Boden haben ihren natürlichen Ursprung in der primären Mineralverwitterung und dem akkumulierten Salzeintrag durch die Niederschläge und den Kapillaraufstieg vom Grundwasser. Bewässerungswasser und Mineraldünger stellen zusätzliche, anthropogen hervorgerufene, Eintragsquellen für Salze dar. Der Mineralverwitterung kommt jedoch vergleichsweise wenig Bedeutung zu (RHOADES *et al.*, 1968). Der Salzgehalt im Boden wird weitgehend vom Klima und Topographie (z. B. Senken) gesteuert. Er wächst exponentiell mit sinkenden Niederschlägen bzw. steigender Aridität (SCHOFIELD & RUPRECHT, 1989). In Senken und morphologischen Tieflagen sammelt sich abfließendes Wasser und hinterläßt in ariden Regionen die eingetragenen Salze (GANSSEN, 1968). Aus diesen Gründen kann es bei der Bewässerung von Böden der Trockenzonen durch die perkolierende Wasserbewegung zu verstärkten Auswaschungsvorgängen der akkumulierten Salze kommen. Eine weitere Aufnahme von Salzen findet im Grundwasser statt. Langer Kontakt mit dem Aquifergestein fördert im allgemeinen die Lösung und Auswaschung von Salzen. Die Konzentration und -zusammensetzung der Salze, die durch das Grundwasser dem Vorfluter zugeführt werden, sind im wesentlichen von der Zusammensetzung des Ausgangsgesteins, dem Gehalt an Kohlendioxyd (CO_2) und dem pH-Wert sowie dem Redoxpotential des perkolierenden Wassers abhängig.

Im engeren Sinn der Salzaufnahme zugehörig, ist der Ionenaustausch. Hierunter versteht man den Austausch von Kationen der Bodenlösung mit Ionen der Bodenmatrix, insbesondere an Tonmineralen und Huminstoffen. Er kann von großer Bedeutung für die Salzdynamik sein, da bei der Aufnahme von Kationen (z. B. Ca, Mg, K) gleichzeitig andere Kationen (z. B. Na) abgegeben werden, wodurch sich der chemische Charakter des Bodenwassers ändert.

Durch die Notwendigkeit des Auswaschens der Salze aus dem Boden (leaching requirement, LR) ist ein Mindestvolumen an irrigation return flow vorgegeben. Die Praxis der Überbewässerung und der Bewässerung mit ineffizienten Methoden verstärken den Rückfluß salzhaltigen Wassers (BOUWER, 1987). In ariden und semi-ariden Gebieten kann der Anteil des irrigation return flow während der Trockenzeit einen bedeutenden Anteil des Abflusses des Vorfluters erzeugen. KHARCHENKO & MADDOCK (1982) berichten, daß irrigation return flow in der Trockenperiode einen wesentlichen Anteil des Abflusses vieler Flüsse in den westlichen Bewässerungsgebieten der USA darstellt. Andere Arbeiten aus fast allen ariden Regionen der Welt heben ebenfalls die Bedeutung des irrigation return flow hinsichtlich des Abflußregimes oder des Salzgehaltes heraus. Untersuchungen in Kalifornien erbrachten Salzausträge durch irrigation return flow von bis zu 20 t ha^{-1}a^{-1} (MOCK, 1984).

SYLVESTER & SEABLOOM (1963) berichteten, daß der Abfluß der unteren 130 km des Yakima Flusses in Washington während des Sommers nahezu vollständig aus irrigation return flow besteht. KEYS (1981) berechnete einen jährlichen irrigation return flow in den Colorado River innerhalb des Grand Valleys von über 600 Mio. m^3. Diese Beispiele aus der Literatur verdeutlichen die hydrologische Bedeutung von rückfließendem Wasser aus Bewässerungsgebieten. Die kontinuierliche Zunahme der Konzentration einzelner Ionen infolge von irrigation return flow wurde bereits 1962 von WILCOX am Beispiel des Rio Grande nachgewiesen. STEPANOV & CHEMBARISOV (1978) entwickelten quantitative Verhältnisse zwischen Abfluß und Bewässerungsgebietsgröße zur Abschätzung und Prognose des Anteils des irrigation return flows für fünf Flüsse in Zentralasien. ZA-DOROZHNAYA (1983) verdeutlichte durch die Bestimmung des Salzgehaltes des irrigation return flow im Donaudelta auf bis zu 6000 mg l^{-1} die salzdynamische Relevanz des rückfließenden Wassers.

Ein weitverbreitetes Problem, insbesondere in Ländern der Dritten Welt, sind unzureichende Wasserverteilungs- und Bewässerungssysteme, die zu unerwünschten Verlusten und unkontrollierten Wasserrückflüssen führen. So stellt TYAGI (1986) den dringenden Bedarf an einer Verbesserung von Indiens Bewässerungssystemen heraus.

1.5 Der Einfluß einzelner Geofaktoren auf die Hydrochemie von Fließgewässern

1.5.1 Die Zusammensetzung gelöster Stoffe in Fließgewässern

Wie bereits in Abschnitt 1.4.1 angedeutet, beinhalten alle natürlichen Gewässer gelöste Stoffe. Der wesentliche Anteil aller gelösten Wasserinhaltsstoffe machen die Kationen Kalzium (Ca^{2+}), Magnesium (Mg^{2+}), Natrium (Na^+) und Kalium (K^+), die Anionen Hydrogenkarbonat (HCO_3^-), Karbonat (CO_3^-), Sulfat (SO_4^{2-}), Chlorid (Cl^-) und Nitrat (NO_3^-) sowie als Nichtelektrolyt Silikat (SiO_2) aus. Alle weiteren Alkali- und Erdalkaliionen kommen ebenso wie andere Metallkationen nur in Spuren vor. Weitere Anionen wie Nitrit (NO_2^-), Fluorid (F^-), Karbonat (CO_3^{2-}) und Phosphorverbindungen ($H_2PO_4^-$, HPO_4^{2-}) kommen nur in unbedeutenden Mengen vor.

Um einen Überblick über die auftretenden chemische Zusammensetzung von natürlichen Gewässern zu verschaffen, sind in Tab. 1 die Ergebnisse chemischer Analysen von Niederschlag, Ozean und ausgewählter Flüsse beispielhaft aufgeführt. Aus Tab. 1 wird deutlich, wie stark sich die chemische Beschaffenheit natürlicher Gewässer unterscheiden kann. Hierbei ist zu berücksichtigen, daß die aufgeführten Werte Mittelwerte darstellen. Es fehlt hier die zeitliche Dimension, die eine mehr oder weniger starke Oszillation um den Mittelwert bedingt. So können der Wechsel von feuchten und trockenen Perioden, die jahreszeitlich bedingte hydrologische und vegetative Saisonalität und, unter bestimmten Bedingungen, der Wechsel von Tag und Nacht einen signifikanten Einfluß auf die Dynamik der stofflichen Zusammensetzung der Oberflächengewässer haben (WALLING & WEBB, 1986).

10

1.5.2 Niederschlag als Eintragsquelle gelöster Stoffe in Einzugsgebiete

Seit einiger Zeit ist die Bedeutung der Niederschläge als wichtige Stoff-eintragsquelle in ein Einzugsgebiet erkannt (ANDERSON, 1941; GORHAM, 1961; MEYBECK, 1983). Die Hauptquelle des atmosphärischen Stoffeintrags stellen die Meere und der Staub über den Kontinenten dar. Hinsichtlich des Salzeintrags in die Atmosphäre spielt die marine Gischt (sea spray) an den Küsten eine bedeutende Rolle. Die Hauptkomponenten der atmosphärischen Aerosole stellen die Ionen von vorwiegend marinem Ursprung Na, Cl, Mg und K sowie die Ionen überwiegend terrestrischen Ursprungs Ca, NH_4, SO_4, HCO_3 und NO_3 dar (CRYER, 1986). Der Einfluß von ozeanischen Salzen nimmt mit steigender Entfernung von der Küste exponentiell ab (MEYBECK, 1983; MURGATROYD, 1983). Während in Küsten-nähe die jährliche atmosphärische Deposition 100-200 kg ha^{-1} beträgt, sinkt sie in Küstenferne auf 10-20 kg ha^{-1} ab (BRESLER et al., 1982). Vernachlässigt man alle anderen Elemente des Salzhaushalts eines Einzugsgebietes, so ergibt sich der Salzgehalt von Flüssen (C_F) durch den Salzgehalt der Niederschläge (C_N) und das Niederschlags-Abfluß-Verhältnis (ANDERSON, 1941):

$$C_F = C_N \cdot \frac{N}{A} \qquad (5)$$

In ariden Klimaregionen, in denen ein sehr hohes Niederschlags-Abfluß-Verhältnis auftritt, ist deswegen eine signifikante Salzkonzentration der Vorfluter vorgegeben.

1.5.3 Der Einfluß von Boden und Geologie auf den Stoffeintrag

In Abhängigkeit vom Abflußverhalten bestehen die Oberflächengewässer zu einem Teil aus Grundwasser, dessen chemische Zusammensetzung das Ergebnis von im Boden und im Gestein ablaufenden chemischen und biologischen Prozessen ist. Die geologische Formation und die Zusammensetzung der Böden haben einen ent-scheidenden Einfluß auf die Inhaltsstoffe von Boden- und Grundwasser und letzt-endlich auf das Oberflächenwasser. Böden und Gesteine sind dabei außerordentlich variabel in ihrer chemischen und mineralogischen Zusammensetzung.

Der Salzgehalt des Grundwassers ist direkt proportional zur Fließlänge und Ver-weildauer des Wassers im Untergrund. Gebiete mit hoher Grundwasserneuerung sind durch ein Grundwasser mit niedrigem Salzgehalt charakterisiert. In diesen Gebieten ist ein Großteil der vorhandenen Salze ausgewaschen. Umgekehrt erklärt sich hiermit der relativ hohe Salzgehalt von Grundwasser in ariden und semi-ariden Regionen. WARD 1975) berichtet, daß das Verhältnis von Sulfat zu Chlorid in der Richtung des Grundwasserflusses abnimmt. Die Salzkonzentration von Flüssen, deren Einzugsgebiet von kristallinem oder vulkanischem Gestein gebildet wird, liegt zwischen 20 und 40 % von vergleichbaren Flüssen aus Einzugsgebieten mit Sedimentgestein (MEYBECK, 1981). MEYBECK (1981) untersuchte den Einfluß des Grundgesteins auf die durchschnittliche chemische Zusammensetzung wichtiger Flüsse der Erde (Tab. 2).

Tab. 1: Chemische Beschaffenheit ausgewählter natürlicher Gewässer (Mittelwerte)

Gewässer	Konzentration in mg l^{-1}								TDS in mg l^{-1}
	Ca	Mg	Na	K	HCO$_3$	SO$_4$	Cl	NO$_3$	
Niederschlag in Mitteleuropa [1]	1.0	0.2	0.4	*	1.2	3.0	0.5	0.3	6.6$^+$
Niederschlag in Japan [5]	1.0	0.4	1.1	0.3	?	1.5	1.1	?	?
Bodenwasser, Sand unter Kiefer [1]	35.7	4.8	18.4	*	81.9	41.2	6.7	105.0	293.7
Landwirtschaftliche Dränage, Sand [7]	114.2	10.9	16.1	7.8	85.1	163.3	49.6	14.0	461.0$^+$
Landwirtschaftliche Dränage, Ton [7]	182.4	8.5	23.0	3.9	160.1	220.9	74.5	14.0	687.3$^+$
Gipsbrunnen, New Mexiko [1]	636.	43.	17.	?	143.	1570.	24.	3.	2436
Quelle, Sierra Nevada [6]	10.4	1.7	6.0	1.6	54.6	2.4	1.1	0.3	75.0
Amazonas, bei Obidos [4]	5.4	0.5	1.6	6.3	17.9	0.8	2.6	?	43.1
Weißer Nil, bei Khartoum [4]	17.4	5.2	30.7	11.8	149.2	0.4	8.0	0.4	249
Colorado, bei Yuma [4]	94.0	30.0	124.0	4.4	183.0	289.0	113.0	1.0	853
Flußwasser, weltweiter Durchschnitt [3]	13.5	3.6	7.4	1.4	52.0	8.7	9.6	?	96.2
Flußwasser, weltweiter Durchschnitt [4]	15.0	4.1	6.3	2.3	58.4	11.2	7.8	1.0	120
Totes Meer [4]	15800	41960	34940	7560	240	540	208020	?	315040
Salton Sea [4]	505	581	6249	112	232	4139	9033	1.2	20900
Meerwasser [4]	412	1290	10770	380	140	2715	18800	?	34492.7

* Na und K zusammengefaßt
+ TDS als Summe der aufgeführten Ionen
(1) HERRMANN, 1977
(2) HEM, 1985
(3) MEYBECK, 1983
(4) KRAUSKOPF, 1979
(5) SUGAWARA, 1975; Werte gemittelt über Japan
(6) GARRELS & MACKENZIE, 1975; Mittelwert der ständigen Quellen der Sierra Nevada
(7) WILLIAMS (1976), in: BACHE, 1983

Aus Tab. 2 wird der herausragende Einfluß der Sedimentgesteine auf die Flußversalzung deutlich. Die Transport der Salze von Boden- und Grundwasser ist eine Funktion von Art, Menge und Löslichkeit der vorhandenen Minerale, Klima, Sickerrate, Pflanzendecke, Düngung, Temperatur von Gestein bzw. Boden und perkolierendem Wasser, Porosität, chemische Zusammensetzung des perkolierenden Wassers, Druck und Fließgeschwindigkeit. Daher lassen sich keine einfachen, allgemeingültigen Regeln hinsichtlich der Salzdynamik in Boden und Gestein anführen. Die Herkunft einzelner Ionen, Verwitterungs- und Gleichgewichtsreaktionen sind ausführlich bei KRAUSKOPF (1979) und HEM (1985) beschrieben.

Tab. 2: Einfluß des Grundgesteins auf die durchschnittliche Komposition von Flüssen der Welt (nach MEYBECK, 1981)

Bestandteil	Durchschnittliche Konzentration (mg l^{-1})		
	Plutonische und metamorphische Gesteine	Vulkanische Gesteine	Sediment-Gesteine
Ca	4.0	8.0	30.0
Mg	1.0	3.0	8.0
Na	Ozeanisch/atmosphärischer Einfluß dominiert		
K	1.0	1.5	1.0
HCO$_3$	15.0	45.0	100.0
SO$_4$	2.0	6.0	25.0
Cl	Ozeanisch/atmosphärischer Einfluß dominiert		
TDS	30.0	70.0	175.0

1.5.4 Allgemeingültige hydrogeochemische Rückschlüsse der stofflichen Zusammensetzung von Oberflächengewässern

Oberflächengewässer, die einen hohen Anteil an Cl und Na aufweisen, werden im allgemeinen vom atmosphärischen Eintrag dominiert. Diese Gewässer kommen vorwiegend in gut dränierten Gebieten der tropischen Regenwälder wie in semi-ariden Regionen vor (GIBBS, 1970). Stoffe nicht-marinen Ursprungs erfaßte SUGAWARA (1967) anhand ihrer hohen Verstärkungskoeffizienten (K), der für ein bestimmtes Ion (M) gegeben ist durch (nach SUGARAWA, 1967, verändert):

$$K = \frac{\dfrac{M_{Eintrag}}{Cl_{Eintrag}}}{\dfrac{M_{Austrag}}{Cl_{Austrag}}}$$

(6)

(alle Größen in me l^{-1}).

Kalzium- und Magnesiumionen entstehen u. a. bei Auflösungsvorgängen von Karbonaten wie Kalkspat oder Aragonit (CaCO$_3$), Magnesit (MgCO$_3$) und Dolomit (CaCO$_3$·MgCO$_3$) sowie anderer Minerale wie Gips (CaSO$_4$·2H$_2$O). Da H$_2$CO$_3$ eine wichtige Rolle in der Verwitterung von Silikaten und Karbonaten spielt, kommt HCO$_3$ in den Gewässern vor, deren Salzgehalt von Verwitterungsvorgängen bestimmt wird. Ein klassisches Beispiel hierfür sind die Gewässer der Sierra Nevada (GARRELS & MACKENZIE, 1975). Gewässer mit einem niedrigen Anionenanteil an Cl und einem geringen Verhältnis von Na zu Ca und Mg weisen in der Regel auf Ionenaustauschvorgänge und Gleichgewichtsreaktionen in Böden hin.

In humiden Regionen führt der hohe CO_2 Gehalt durch verwesende Vegetation zu einer verstärkten Reaktion mit Bodenmineralen. Diese Umsetzungen resultieren in einer Erhöhung der Konzentration an Ca, Mg, HCO_3 und SiO_2. Insbesondere die Umsetzungen mit Tonmineralen haben eine große Bedeutung und bestimmen fast immer den Gehalt an anorganischen Salzen im Grundwasser (SONTHEIMER *et al.*, 1989). Im Gegensatz dazu kommt CO_2 in ariden Klimaten nicht häufig genug vor, um die durch Hydrolyse hervorgerufenen Alkalinität auszugleichen. Als Resultat fallen Kalzium und Hydrogenkarbonat in den tieferen Bereichen des B-Horizontes oder im C- Horizont der Böden aus. Demzufolge weisen die Flüsse arider Gebiete eher Na als dominantes Kation und eher SO_4 oder Cl als dominante Anionen auf (KRAUSKOPF, 1967).

In der Gegenwart von Mikroorganismen können eine Reihe von biologischen Umsetzungen wie Reduktion anorganischer Wasserinhaltsstoffe oder biologische Oxidation der organischen Inhaltsstoffe die Zusammensetzung des Wassers verändern.

Die vorangegangene Diskussion macht deutlich, daß sich die natürliche chemische Beschaffenheit der Gewässer aus den unterschiedlichen geologischen, pedologischen und klimatischen Verhältnissen im Einzugsgebiet analysieren läßt. Der Klimafaktor spielt aufgrund seines Einflusses auf Verwitterung und Bodengenese eine herausragende Rolle.

2. BESCHREIBUNG DES UNTERSUCHUNGSGEBIETES

2.1 Lage, Topographie, Geologie und Morphologie

Das 12596 km^2 umfassende Einzugsgebiet des Breede River liegt in der westlichen Kapprovinz, etwa 140 km östlich von Kapstadt (Abb. 1). Der Breede River ("Breiter Fluß") entspringt im Ceres Valley, in dessen Becken die sich von den Randhöhen zufließenden Quellflüsse vereinigen. Nach Verlassen des Ceres Beckens fließt der Breede ca. 350 km ostwärts durch eine breites, von Sedimenten gefülltes Ausraumbecken, bis er bei Sebastian's Bay in den Indischen Ozean mündet.

Das Einzugsgebiet läßt sich wasserwirtschaftlich in einen oberen, mittleren und unteren Teil unterteilen (Abb. 1). Der obere Teil reicht bis zum Reservoir *Brandvlei Dam*. Der mittlere Teil schließt das Gebiet zwischen dem Brandvlei Dam und dem am weitesten flußabwärts befindlichen Auslaßbauwerk des Sanddrift Kanals, einem wichtigen Bewässerungskanal, ein. Der untere Teil reicht von hier bis zur Flußmündung. Das Untersuchungsgebiet schließt nur den oberen und mittleren Teil des Einzugsgebietes ein.

Abb. 2 stellt ein digitales Höhenmodell dar, das auf Rasterzellen mit einer Zellgröße von einer mal einer Minute (hier: etwa 1.6 mal 1.6 km) basiert. In dieser

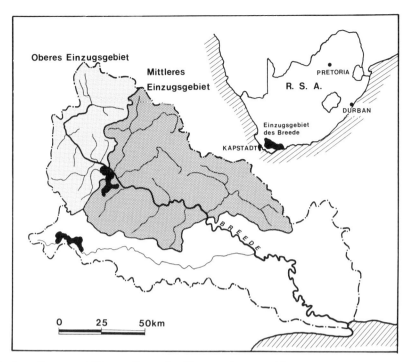

Abb. 1: Lage und Unterteilung des Untersuchungsgebietes

Reliefkarte entsprechen die x- und y-Achse der geographischen Länge und Breite und die z-Achse der Höhe über Normal-Null (siehe auch Abb. A1, Anhang). Als Datengrundlage dienen digitale Daten, die vom Department of Agricultural Engineering, Universität Natal, Pietermaritzburg, erhoben wurden (DENT *et al.*, 1987) und vom Computer Centre for Water Research (CCWR) verwaltet werden.

Die Topographie im Einzugsgebiet gibt Aufschluß über die ihr zugrundeliegende Geologie und Geomorphologie. Das Untersuchungsgebiet gehört geologisch zum Kap-Faltengebirge, das aus aufgefalteten paläozoischen Sedimenten der *Cape* und *Karroo Supergroup* besteht (Abb. A2, A3, Anhang). Die parallel zum Breede River verlaufenden Gebirgszüge, die Langeberg-Kette im Norden und die Riviersonderendberge im Süden, bestehen aus Quarziten und Sandsteinen der *Table Mountain Group* (TMS = Table Mountain Sandstone). Da dieses Gestein sehr verwitterungsbeständig ist, werden in diesen Formationen die höchsten Höhen von ca. 1600-1800 m, im Südwesten und südlich des Ceres Beckens bis über 2200 m, erreicht. Südlich der Langebergkette liegt eine schmale, 400-600 m hohe Vorberg-Zone, die aus präkambrischen metamorphischen Schiefern der *Malmesbury Group* besteht. Die 450-850 m hohen Vorberge südlich des Breede River werden aus marinen Schiefern und Sandsteinen der devonischen *Bokkeveld Group* und der etwas jüngeren *Witteberg Group* gebildet. Diese Sedimente verwittern leicht und weisen daher eine relativ niedrige Reliefenergie und abgerundete Formen auf.

15

Daneben treten im Breedetal Hügel aus permischen glazialen Sedimenten der *Dwyka Formation* und Schiefer, Sandsteine und Mudstones der *Ecca Formation* (VOLKMANN, 1990) sowie kreidezeitliche tonige *Enon-Konglomerate* auf. Auch diese Formationen sind leicht verwitterbar und haben eine entsprechend niedrige Reliefenergie.

Im Pleistozän fand das Auffüllen des Breede Tals mit aus den Gebirgsketten angeschwemmten Sedimenten statt. Als Ergebnis dieses Prozesses wurden Schwemmkegel und weite Pedimente von Schottern und Sand gebildet. Der Breede River fließt heute vorwiegend auf einer weiten, von pleistozänen Schottern gebildeten Akkumulationsfläche von ca. 40 m Mächtigkeit, die zu etwa drei Metern mit feinkörnigen fluvialen Decksedimenten überlagert ist (FLÜGEL & KIENZLE, 1989).

Der Höhenunterschied zwischen dem Austreten des Breede River aus dem Ceres Becken und dem unteren Ende des mittleren Einzugsgebietes beträgt 130 m bei einer Lauflänge von 122 km.

2.2 Klima

Das Untersuchungsgebiet wird nach der Klimaklassifikation von Köppen (1931) dem semiariden Mediterranen Klima (Cs) bzw. dem ariden Steppenklima (BS) zugeordnet (SCHERHAG & LAUER, 1982). Das Klima wird im wesentlichen durch die Lage der subtropischen und südatlantischen Hochdruckzonen geprägt. Die subtropische Hochdruckzone verursacht während ihrer sommerlichen Lage wenig südlich des Untersuchungsgebietes eine den Südsommer umfassende Trockenperiode von Oktober bis März. Mit der Verlagerung des subtropischen Hochdruckgürtels nach Süden gerät das Einzugsgebiet des Breede River zunehmend unter den Einfluß des südatlantischen Westwindgürtels und dem ihr verbundenen südlichen Polarfronten. Die westlichen Tiefausläufer mit ihren assoziierten Kaltfronten streichen dann vorwiegend ostwärts über das Untersuchungsgebiet und verursachen die winterlichen Niederschläge (PRESTON-WHYTE & TYSON, 1988).

2.2.1 Niederschlag

Abb. 3 zeigt ein digitales Höhenmodell des Niederschlages im Breede River Einzugsgebiet und umliegenden Regionen. Hier stellt die z-Achse den langjährigen mittleren Niederschlag (mm a^{-1}) dar. Die Niederschlagswerte der einzelnen Rasterzellen (siehe auch Abb. A4, Anhang) wurden mittels einer multiplen Regressionsanalyse ermittelt (DENT *et al.*, 1987).

16

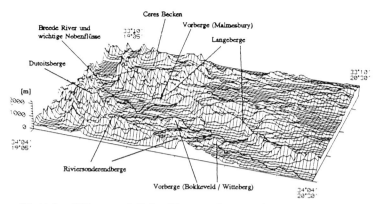

Abb. 2: Digitales Höhenmodell des Untersuchungsgebietes

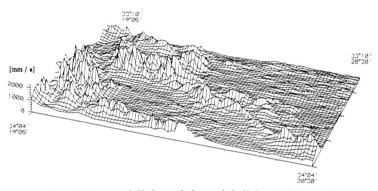

Abb. 3: Digitales Höhenmodell des mittleren jährlichen Niederschlags

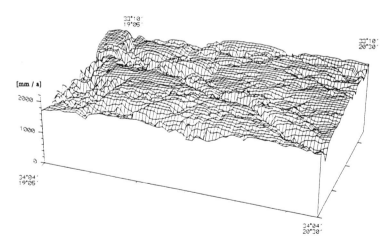

Abb. 4: Digitales Höhenmodell der potentiellen Evapotranspiration

17

Die Datengrundlage hierfür bildeten 45 im Einzugsgebiet befindliche Regenstationen mit täglichen Niederschlagswerten für jeweils mehr als 20 bzw. 30 Jahre (je nach Klimazone und Niederschlagsvariabilität), die für jede Rasterzelle mit Regressionsparametern wie Höhe, Exposition, Unebenheit, Kontinentalität, Entfernung zu physiographischen Barrieren, Aspekt und Niederschlag führende Windrichtung verknüpft (DENT *et al.*, 1987) wurden. Für Gebiete ohne Niederschlagsmessung, insbesondere in den wichtigen Höhenlagen, wo generell wenig oder nur kurze Niederschlagsmessungen vorliegen, gelten diese interpolierten Niederschlagswerte als die genauesten zur Zeit erhältlichen Niederschlagsangaben. Der Vergleich der Abb. 2 und 3 verdeutlicht die Abhängigkeit der Niederschlagshöhe von Relief und vorherrschender Windrichtung. Während die Gebirgszüge der Dutoitsberge, der westlichen Riviersonderendberge und der westlichen Langeberge die höchsten Niederschläge von über 1200 mm a^{-1} aufweisen, führen die lee-seitigen und weiter östlich gelegenen Gebiete weitaus geringere Niederschläge auf. Die Trockenheit des gesamten Breede Tales und der nördlich der Langeberge befindlichen Gebiete ist mit Niederschlägen von 160 bis 400 mm deutlich erkennbar. Diese Gebiete werden der Zone des sommertrockenen Steppenklimas hinzugerechnet und weisen eine typische *Karroo*vegetation auf.

Die Niederschlagsverteilung im Untersuchungsgebiet, und insbesondere in den Tallagen, ist ausgesprochen variabel, wie die feuchte Regenstation *PARADISE ESTATE-HOMESTEAD* im Vergleich zur trockenen Station *MCGREGOR (Polizeistation)* erkennen lassen (Abb. 5). Die Variabilität der monatlichen Niederschlagswerte ist in beiden Abbildungen durch den Variationskoeffizienten gekennzeichnet, der die für semiaride Gebiete starke und aride Gebiete typische hohe Variabilität der Niederschläge, insbesondere während der trockenen Sommermonate, zeigt. In den Gebirgslagen über ca. 1800 m fällt im Winter regelmäßig, jedoch nur spärlich, Schnee.

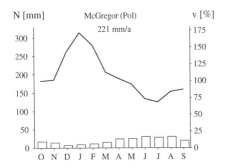 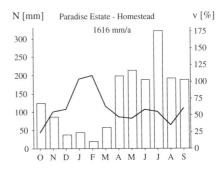

Abb. 5:   Jahresgang des Niederschlags (Histogramm) und seines Variationskoeffizienten am Beispiel einer Station mit niedrigem (McGregor, Polizeistation) und hohem Niederschlag (Paradise Estate, Homestead)

2.2.2 Potentielle Evapotranspiration

Ähnlich der Erarbeitung der Niederschlagsverteilung des südlichen Afrika wurde die Verteilung der A-pan äquivalenten potentiellen Evapotranspiration (pET) erarbeitet (SCHULZE & MAHARAJ, 1991). Ebenfalls basierend auf einer Zellgröße von einer mal einer Minute liegen Schätzwerte der potentiellen Evaporation vor. Sie basieren auf der Kombination von vorliegenden A-pan Messungen und den Parametern Maximumtemperatur, sphärische Strahlung, Höhe über Normalnull sowie dem Median des monatlichen Niederschlages. Das digitale Höhenmodell der potentiellen Evapotranspiration ist in Abb. 4 dargestellt und macht die Größenordnung deutlich, mit der, insbesondere in den Tallagen, die potentielle Evapotranspiration den Niederschlag übertrifft.

Ein Vergleich der errechneten mit gemessenen A-pan äquivalenten pET Messungen von 58 in der Region des Untersuchungsgebietes befindlichen Meßstationen resultiert in dem Ergebnis, daß im Januar, dem Monat höchster Verdunstung, 91% der Werte weniger als 12% abweichen, während sich im Juli noch 64% der simulierten Werte bis zu 12% von den gemessenen Werten unterscheiden (SCHULZE & MAHARAJ, 1991). In der Häufigkeitsanalyse der Niederschlags- und Evapotranspirationswerte innerhalb des Untersuchungsgebietes kommt zum Ausdruck, daß nur ein kleiner Anteil der Niederschläge zum Abfluß kommen kann. Abb. 6 stellt die relative Häufigkeit aller 4730 für das Untersuchungsgebiet erhobenen bzw. geschätzten Niederschlags- und potentiellen Evapotranspirationswerte dar. Die potentielle Evapotranspiration (Mittelwert: 2014 mm a^{-1}; Medianwert: 2052 mm a^{-1}) übersteigt die Niederschläge (Mittelwert: 524.7 mm a^{-1}; Medianwert: 380 mm a^{-1}) um das Vielfache. Aus der kumulativen Häufigkeitsanalyse in Abb. 7 geht hervor, daß mit Ausnahme der Gebiete mit Niederschlägen über 2300 mm a^{-1} (weniger als 1% im Untersuchungsgebiet) die potentielle Evapotranspiration immer die Niederschläge übertrifft, in den Tallagen sogar um das sechs- bis achtfache.

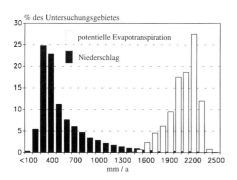
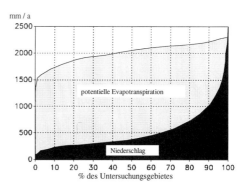

Abb. 6: Häufigkeitsverteilung von mittlerem jährlichem Niederschlag und potentieller Evapotranspiration aller Raster im Untersuchungsgebiet

Abb. 7: Kumulative Häufigkeit von mittlerem jährlichem Niederschlag und Evapotranspiration aller Raster im Untersuchungsgebiet

2.3   Böden

Das Spektrum der auftretenden Bodenarten ist trotz der Größe des Untersuchungsgebietes relativ klein. Im überwiegenden Maße sind die Sande vertreten. Vereinzelt
kommen lehmige und schluffige Böden vor. Unter den ariden Bedingungen und
einer kargen, weitständigen Vegetationsdecke bildeten sich vorwiegend nur
schwach entwickelte sandig-lehmige Böden mit undeutlicher Horizontierung auf
häufig verhärtetem Kalksubstrat. Diese *Karroo-Böden* erstrecken sich vorwiegend
im Breede Tal südlich der Stadt Worcester.

Um die Übersicht über die Böden zu erleichtern und um hydrologische und
salzdynamische Aussagen in Teileinzugsgebieten mit mehreren hundert Qua-
dratkilometern Größe zu ermöglichen, haben FLÜGEL & PARSONS (1990) eine
Regionalisierung der Böden im südlichen Teil des Untersuchungsgebietes durchgeführt. Sie verwendeten hierfür die nach der südafrikanischen Bodenklassifikation
im Maßstab 1:50000 kartierten Bodeneinheiten (soil associations) und ge-
neralisierten sie unter Verwendung der FAO-Klassifikation. Da die Bodengenese
stark reliefabhängig ist, wurden die Böden nach ihren assoziierbaren Reliefeinheiten regionalisiert (Abb. 8), wobei vier Reliefeinheiten mit ihren korrespondierenden Böden unterschieden wurden (FLÜGEL & PARSONS, 1990):

a.   **Gebirgsböden** (Mountainous soils) treten auf Hängen mit einer Neigung von
     mehr als 15 % auf, sind flachgründig (> 20 cm) und für die landwirt-
     schaftliche Nutzung ungeeignet.
b.   **Hügelböden** (Hill soils) gehören dem hügeligen Relief und der Unterhänge
     mit einer Hangneigung von 5 - 15 % an. Sie sind generell weniger als 30 cm
     tief, sind häufig kalkhaltig und neigen zur Bildung der Caliche. Während
     diese Böden teilweise unter Trockenfeldbau mit Weizen kultiviert sind, sind
     sie für die Bewässerungswirtschaft ungeeignet.
c.   **Pedimentböden** (Pediment soils) treten auf den Pedimenten des Bokkeveld,
     Malmesbury und der Enon-Konglomerate sowie alten Flußterrassen mit
     Hangneigungen zwischen 2 und 5 % auf. Sie sind 30 bis 60 cm tief, struk-
     turiert, haben einen hohen Tongehalt und sind von rötlicher bis rötlich-brauner
     Farbe. Diese schlecht durchlässigen Böden verursachen leicht Oberflächen-
     abfluß. Sie sind kultivierbar und unterliegen z. Z. dem expandierenden
     Bewässerungslandbau.
d.   **Alluvialböden** (Alluvial soils) befinden sich auf den alluvialen Hoch-
     flutflächen sowie alluvialen Fans mit einem Gefälle von weniger als 2 %. Sie
     werden weiter differenziert in:
     1.   **Sandige Böden** (Sandy): Typische Vertreter dieser Gruppe sind die
          Auenregosole und Auengleye. Diese am stärksten vertretene Gruppe
          entwickelte sich nur schwach aus den rezenten Hochflutablagerungen
          des Breede River und seiner Nebenflüsse. Das Solum ist mindestens

100 cm tief und hat bei einem Tongehalt von weniger als 6 % gute Drainageeigenschaften. Diese Böden unterliegen einer ausgeprägten landirtschaftlichen Kultivierung. In morphologischen Depressionen oder nahe länger andauernder intensiver Bewässerung können sich infolge des hohen Grundwasserstandes Solontschak-Auengleye entwickelt haben.

2. **Duplex Böden** (Duplex): Diese Böden, die einen gut durchlässigen sandigen Oberboden auf einem weniger durchlässigen, tonigen Unterboden mit Solonetzcharakter aufweisen, treten häufig in grundwasserbeeinflußten Gebieten auf. Die Solonetze oder Solontschak-Gleye reichen mindestens 50 cm tief und sind salzhaltig. Sie sind daher schwer kultivierbar.

3. **Kiesige Böden** (Gravel): Diese Böden sind im Südwesten des Untersuchungsgebietes vorzufinden und weisen generell mehr als 50% Kies auf. Sie dienen häufig als Weiden.

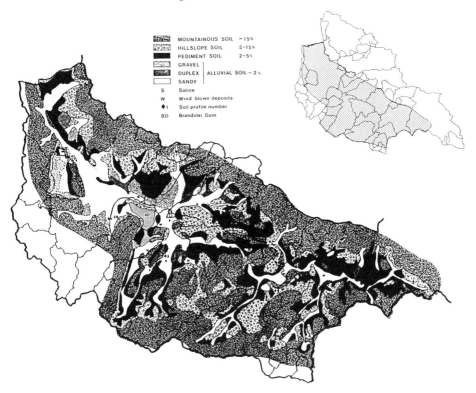

Abb. 8: Verteilung der den Reliefeinheiten assoziierten Bodengruppen im südlichen Teil des Untersuchungsgebietes (FLÜGEL & PARSONS, 1990, verändert, mit Teileinzugsgebietsgrenzen)

2.4 Landnutzung

Eine systematische Landnutzungskartierung hat im Untersuchungsgebiet bisher nicht stattgefunden. Landnutzungsdaten, die vom Department of Agriculture und dem Central Statistical Service sowie anderen Organisationen wie dem Department of Water Affairs und Soils and Irrigation Institute erhoben wurden, sind häufig nicht genau datiert, unterliegen keiner gemeinsamen Einteilung der einzelnen Landnutzungsklassen und wurden für unterschiedliche Gebiete, deren Grenzen oft nicht genannt werden, zusammengestellt. Verteilung und Trends der Landnutzung sind daher sehr schwierig abzuschätzen. Zwei Landsat-MSS-Aufnahmen dienten zur Identifizierung und Lokalisierung der Bewässerungsflächen (KIENZLE *et al.*, 1989). Die Aufnahmen wurden 1981 (Landsat 2) und 1987 (Landsat 4) jeweils zur Hauptbewässerungszeit gemacht. Die Daten liegen in digitaler Form vor und sind in Abb. A5 (Anhang) in die Teileinzugsgebietskarte projiziert. Der Vergleich der Bodenkarte mit der Bewässerungskarte hebt deutlich die Alluvialflächen als Hauptbewässerungsflächen hervor.

Um eine Übersicht über das Ausmaß der Bewässerungswirtschaft zu geben, sind die prozentualen Anteile der bewässerungswirtschaftlichen Nutzung (Tab. 3) und der Entwicklung der Bewässerungsflächen (Tab. 4) tabellarisch aufgeführt.

Tab. 3: Gebietsanteile unter Bewässerung im oberen und unteren Breede River Einzugsgebiet (DEPARTMENT OF AGRICULTURE, 1979)

Wein und Weintrauben	55 %
Obst[*]	18 %
Weide und Luzerne	16 %
Brache	5 %
Gemüse	6 %
* Pfirsiche, Aprikosen, Zitrusfrüchte, Birnen, Äpfel	

Tab. 4: Entwicklung der Bewässerungsgebiete (in ha) der wichtigsten Bezirke im Untersuchungsgebiet (DEPARTMENT OF STATISTICS, 1964, 1976; CENTRAL STATISTICAL SERVICE, 1988)

Bezirk	1964	1976	1988
Ceres	15026	19838	24302
Worcester	22990	29139	37867
Robertson	15274	13282	17980
Montagu	5344	4256	7004

Drei verschiedene Bewässerungsmethoden sind zu unterscheiden:

1. Oberflächenbewässerung (flood irrigation) in der Form von Furchen- oder Rieselbewässerung,
2. Beregnungsbewässerung (sprinkler irrigation) in der Form von Portalträgerreihen mit Kreisbewegung (centre pivot) und
3. Tropfbewässerung (drip irrigation) in der Form von Tropf- (drip) oder Microjet-Bewässerung.

Oberflächenbewässerung verliert als älteste und ineffektivste Bewässerungsart zunehmend an Bedeutung und ist nach eigener Kartierung heute noch mit einem Flächenanteil von 10 - 20 % vertreten. Die Beregnungsbewässerung bleibt mit einem Anteil von etwa 30 % und Bewässerungsgaben von jährlich ca. 900 bis 1200 mm relativ beständig. Dagegen verdrängen die Tropf- und Microjetbewässerungserfahren die weniger effektiven Methoden. Vor allem Wein und Weintrauben werden nahezu ausschließlich mittels Tropfbewässerung mit Jahresgaben zwischen 575 und 800 mm bewässert.

2.5 Hydrologie

Entsprechend der Variabilität der Niederschläge und des Verhältnisses zwischen Niederschlag und potentieller Evapotranspiration sind die Abflüsse des Breede River und seiner Nebenflüsse sehr variabel und, gemessen an der Größe des Einzugsgebietes, gering. Das 6699 km^2 umfassende Untersuchungsgebiet prouziert bei einem Gebietsniederschlag von 636 mm a^{-1} einen durchschnittlichen jährlichen Abfluß von 925 Mio. m^3 a^{-1} (1975-1988). Dies entspricht einer Abflußspende von 138 mm a^{-1} oder einem für aride Gebiete typisch niedrigen Abflußverhältnis von 21.7 %. Abb. 9 (S. 25) zeigt den Verlauf des Breede River und seiner perennierenden Nebenflüsse sowie die Verteilung der Pegeltellen, die gleichzeitig als Probenahmestellen für Wasserqualitätsanalysen dienen.

2.5.1 Wasserwirtschaft

Als 1864 die ersten Bauwerke für Bewässerung errichtet wurden (OTTO, 1981), reichte der sommerliche Abfluß des Breede River für Entnahmen für Bewässerungszwecke aus. Zu Beginn des 20. Jahrhunderts hatten die Bewässerungsflächen dermaßen zugenommen, daß der Breede River allein nicht mehr den benötigten Wasserbedarf liefern konnte. Seitdem fand eine stetige Entwicklung eines Systems von Dämmen, Bewässerungskanälen und Pumpanlagen bis zum heutigen Wasserverteilungs- und Flußregulierungssystem statt. Der *Große Brandlei Damm* (Greater Brandvlei Dam) begann 1922 mit relativ geringem Fassungsvermögen und wurde im Laufe der Jahre zu seinem heutigen nutzbaren Kapazität von 457 Mio. m^3 vergrößert. Der Damm wurde parallel zum Breede River angelegt und wird von zwei Flüssen aus den südwestlichen, hohe Niederschläge erreichenden Gebirgsregionen versorgt (vgl. Abb. 9). Zusätzlich wird Flußwasser aus dem Breede River während Zeiten hohen Abflusses in den Damm gepumpt. Der Große Brandvlei Damm hat vornehmlich zwei Funktionen :

1. Speicherung von Wasser im Winter und kontinuierliche Abgabe von Bewässe-rungswasser im Sommer in den Breede River und in ein Netz von Be-wässerungskanälen; das Flußbett des Breede River dient als natürlicher Hauptversorgungskanal.
2. Abgabe von Frischwasser in den Breede River, um das sonst zu salzhaltige Flußwasser zu verdünnen und um es unterhalb eines vorgegebenen maximalen Salzgehaltes zu halten; für diesen Zweck werden jährlich 48 Mio. m^3 be-reitgestellt.

Hieraus ergibt sich die bereits in Kap. 1.2 erwähnten Doppelfunktion des Breede River als Hauptversorgungskanal für Bewässerungswasser einerseits und natür-licher Vorfluter des häufig salzhaltigen Abfluß- und Rückflußwassers andererseits.

Neben dem Großen Brandvlei Damm gibt es zahlreiche kleinere Staudämme, die eine reine Speicherfunktion haben. Außerdem kommt der Vielzahl an Farm-dämmen, die z. T. beträchtliche Speichervermögen von mehreren Mio. m^3 auf-weisen, eine wichtige Rolle bezüglich des Abflußverhaltens zu. Da die Farmdämme für Bewässerungszwecke errichtet wurden und nur ein Bruchteil des angestauten Wassers durch Versickerung, undichte Verteilungssysteme und irrigation return flow die Vorfluter erreicht, verringern sie den natürlichen Abfluß. Die Anzahl der Farmdämme, ihr Speichervermögen und ihr quantitativer Einfluß auf die Hydro-logie sind nicht bekannt

2.5.2 Abflußverhalten

Der mittlere monatliche Abfluß des Breede River, ausgewählter Nebenflüsse und Auslässe vom Brandvlei Damm sind in Abb. 10 dargestellt. Das allgemeine Abflußverhalten kann anhand dieser Stationen dargestellt und wie folgt interpretiert werden:

1. Das Abflußverhalten des Breede River und seiner unregulierten Nebenflüsse reflektiert die jahreszeitliche Niederschlagsverteilung. Das jahreszeitliche Verhalten ist besonders beim Breede River und dem Hex River ausgeprägt. Entsprechend der jahreszeitlichen Verteilung des Abflusses verläuft das hydrologische Jahr im südlichen Afrika von Oktober bis September.
2. Infolge von Wasserentnahmen aus dem Breede River in Bewässerungskanäle zwischen den Wehren H4H017 und H5M004 ist der Abfluß des unteren Wehres niedriger als der Abfluß des oberen Wehres.

24

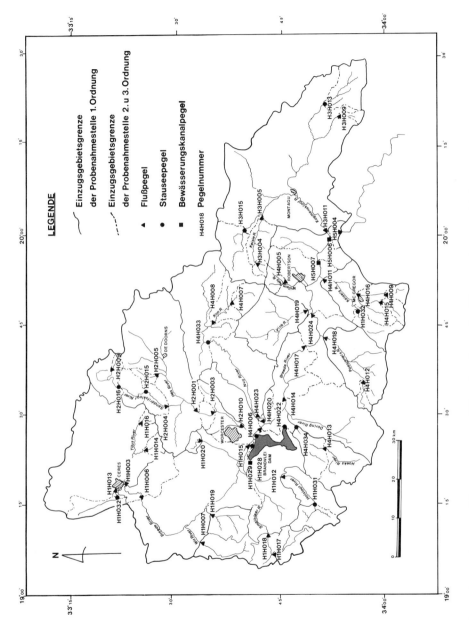

Abb. 9: Einzugsgebietsgrenzen und Pegelstationen im Untersuchungsgebiet

25

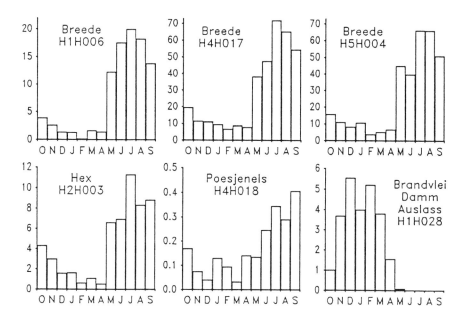

Abb. 10: Mittlerer monatlicher Abfluß (m³ s⁻¹) ausgewählter Stationen (1980-1989)

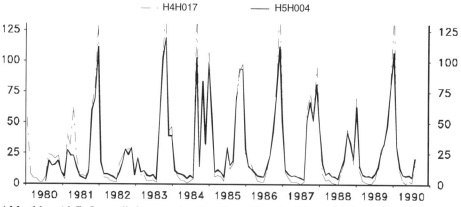

Abb. 11: Abflußganglinien zweier Pegel im Breede River, basierend auf monatlichen Mittelwerten (m³ s⁻¹).

Der Vergleich der 11jährigen Abflußganglinien beider Pegel zeigt, daß während der Zeit des höchsten Abflusses das flußabwärts befindliche Wehr H5H004 weniger Wasser führt als H4H017 (Abb. 11). Dieses wird durch Wasserentnahmen für Bewässerungszwecke erklärt. Andererseits führt Wehr H5H004 in den Monaten Dezember bis März teilweise deutlich mehr Wasser als H4H017. Da die Nebenflüsse zu dieser Zeit nur unbedeutenden Abfluß aufweisen (vgl. Abb. 10: Poesjenels River), deutet dies auf erhebliche Mengen von irrigation return flow hin.

3. Abgaben von Brandvlei Damm finden zwischen Oktober und April statt. Die Hauptgaben werden während der Hauptbewässerungsmonate Dezember und Februar gegeben.

4. Nebenflüsse aus niederschlagsarmen Gebieten, wie z. B. der Poesjenels River, weisen einen sehr geringen Abfluß auf, der vermutlich während der Trockenzeit vollständig aus irrigation return flow besteht.

2.5.3 Grundwasser

Grundwasser kommt in nur zwei Aquifern in bedeutenden Mengen vor. Zum einen als flaches Grundwasser (weniger als 3 m unter Flur) in den alluvialen Hochflutsedimenten mit einer Ergiebigkeit von 0.3 bis 5 l s^{-1} und einer hydraulischen Leitfähigkeit von 0.1 bis 2.2 m Tag^{-1}. Der Grundwasserspiegel ist besonders flach unter bewässerten Gebieten und unterliegt saisonalen oder dem Bewässerungszyklus folgenden Schwankungen (VOLKMANN, 1990).

Zum anderen tritt Grundwasser vorwiegend als Kluftgrundwasser in mindestens 15 m Tiefe im Gestein der *Bokkeveld Group* (FLÜGEL, 1989b) mit einer hydraulischen Leitfähigkeit von etwa 4.5 m Tag^{-1} auf. Im Gebiet um Robertson wurde artesisches Grundwasser nachgewiesen. Somit ist davon auszugehen, daß der Breede River auch während der Trockenzeit z. T. artesischen Grundwasserzufluß erhält (REYNDERS *et al.*, 1985; FLÜGEL, 1989b). Nach Schätzungen von FLÜGEL (1989a) beträgt der Anteil des Grundwassers am jährlichen Abfluß zwischen den Wehren H4H017 und H5H004 etwa 7 %. Grundwasser trägt nur unter günstigen geologischen Bedingungen, wie sie z. B. im Hextal auftreten, zum Wasserdargebot für Bewässerung bei. Ansonsten ist es wegen seines hohen Salzgehalts von häufig mehr als 9 g l^{-1} für Bewässerungszwecke ungeeignet.

2.5.4 Wasserbedarf

Das Department of Water Affairs hat Daten über die Entwicklung des erwarteten Wasserbedarfes veröffentlicht (DEPARTMENT OF WATER AFFAIRS, 1986). Die wichtigsten Daten für den Breede River sind in Tab. 5 aufgeführt. Die erhobenen Daten gelten für das gesamte Breede River Einzugsgebiet. Es wird angenommen, daß die Trends und Verhältnisse auch für das Untersuchungsgebiet gültig sind.

Von den 2000 Mio. m^3, die jährlich aus dem gesamten Breede River Einzugsgebiet fließen, sind 65 % (1300 Mio. m^3) wasserwirtschaftlich nutzbar. Dieser Wert liegt nur wenig über dem projektierten Wasserbedarfswert von 1124 Mio. m^3 für das Jahr 2010 und belegt die Forderung nach einer verbesserten wasserwirtschaftlichen Planung im Einzugsgebiet.

Tab. 5: Entwicklung des Wasserbedarfs im Breede River Einzugsgebiet bis zum Jahr 2010 (in Mio. m^3 a^{-1})

Bereich	1980	1990	2000	2010
Staatlich kontrollierte Bewässerung	14	18	18	21
Bewässerungsbehörden	324	418	484	518
Private Bewässerung	256	289	329	375
Bewässerungsbedarf insgesamt	594	725	831	914
Bewässerungsbedarf in % des Gesamtwasserbedarfs	77	80	81	81
Wasserbedarf insgesamt	772	910	1028	1124

3.   METHODIK UND DATENBASIS

Für die Bearbeitung der in Kap. 1.3 aufgelisteten Untersuchungsschwerpunkte steht umfangreiches Datenmaterial zur Verfügung. Sämtliches Datenmaterial, einschließlich der meisten Karten, wurde in eine digitale Form gebracht, um eine optimale Auswertung zu ermöglichen. Hierzu wurden zahlreiche FORTRAN Programme, und vereinzelt TURBO PASCAL Programme, entwickelt. Die vorliegenden Daten können in folgende Gruppen unterteilt werden:

- kontinuierliche Abflußdaten der *hydrological information system date base* (HIS Datenbank) des DWA,
- chemische Daten der *water quality data base* des DWA (WQ-Datenbank),
- Daten des täglichen Probennahmeprogramms zur EC-Wert Messung,
- Daten des kontinuierlichen Meßprogramms zur EC-Wert Messung,
- Daten des speziellen Probennahmeprogramms zur Wasserqualitätsuntersuchung (eigene Erhebung),
- veröffentlichte Klima-, Boden-, Geologie- und Landnutzungsdaten verschiedener südafrikanischer Behörden,
- regionalisierte Bodenkarte von FLÜGEL & PARSONS (1990),
- Daten zur Niederschlagsqualität vom Hydrological Research Institute (HRI) des Department of Water Affairs (DWA) sowie von Van WYK (1988),

- Daten zur Niederschlagsqualität vom Council for Scientific and Industrial Research (CSIR),
- Topographische Karten 1:50.000 des gesamten Untersuchungsgebietes
- Landnutzungskartierung (eigene Erhebung),
- Bewässerungskarte, basierend auf Landsat-Daten (KIENZLE *et al.*, 1989).

Abb. 12 beschreibt schematisch die Erfassung und Verarbeitung aller im Vorfluter gemessenen Daten. In den folgenden Abschnitten findet eine nähere Beschreibung der wichtigsten Meßprogramme und der Datenverarbeitung statt.

3.1 Hydrometrische Ausstattung und Datenerfassung

Innerhalb des Untersuchungsgebietes unterhält das DWA 106 Abflußpegel (DWA, 1990). Da sich die vorliegende Untersuchung auf die Verknüpfung von Abfluß-daten mit Daten von Wasserinhaltsstoffen konzentriert, werden die 53 Abflußpegel berücksichtigt, die über relative gute Daten verfügen und gleichzeitig Teil eines Probennahmeprogramms zur Bestimmung der Wasserinhaltsstoffe sind. Hiervon messen 39 Stationen den Abfluß in Vorflutern, 10 die Ablässe aus Staudämmen und 4 den Durchfluß in Bewässerungskanälen. Nur für 33 Stationen wurde vom DWA eine Abflußkurve zur Umrechnung des Wasserstandes in Abfluß erstellt (28 Vorfluter und 5 Staudämme).

Die Anzahl der im Untersuchungsgebiet befindlichen Pegel darf nicht darüber hin-wegtäuschen, daß die Mehrzahl der Pegel entweder schlecht ausgestattet sind oder unvollständig kalibriert sind. Die Grundausstattung der Meßpegel beruht auf einem Meßwehr aus Beton mit einem Lattenpegel; selten wurde ein Parshall-Meßgerinne eingesetzt. Die meisten Meßstellen sind als Schreibpegel installiert. Eine Abfluß-kurve für die Berechnung des Abflusses aus Wasserstandsdaten fehlt häufig oder ist nur für niedrige und mittlere Abflüsse gültig. Entsprechend einer Evaluierung der wichtigsten Meßwehre durch das DWA ist in der Regel davon auszugehen, daß bei Trockenwetterabflußspenden relativ zuverlässige Abflußdaten zur Verfügung stehen, während die Abflußscheitel häufig aufgrund unvollkommener Kalibrierung oder zu kleiner Dimensionierung des Meßwehres um bis zu 50% unterschätzt wer-den können. Außerdem können Algen und Wasserpflanzen z. T. die Stauwirkung des Wehres beeinträchtigen und dadurch zu ungenauen Wasserstands- und Abfluß-messungen führen.

Nur wenige wichtige Schreibpegel verfügen über eine gute Kalibrierung für den gesamten Abflußbereich. Tab. 6 listet die Stationsnamen und die verfügbaren Abfluß- sowie Wasserqualitätsdaten auf (vgl. Abb. 9).

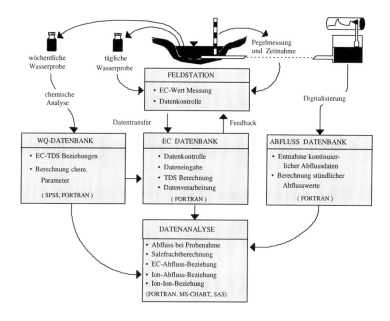

Abb. 12: Erfassung und Verarbeitung von Vorfluterdaten im Untersuchungsgebiet (schematisch)

Obwohl die vorhandenen Abflußdaten in vielen Fällen ungenau bzw. mit systematischen Fehlern versehen sind, stellen sie aufgrund fehlender genauerer Daten die Datengrundlage für die Beschreibung und Untersuchung des Abfluß-verhaltens dar. Für spätere Detailuntersuchungen wurden solche Pegelstellen aus-gewählt, die über eine relativ gute Datenqualität verfügen.

Nachdem im Falle der Schreibpegel die Abflußdaten auf Schreibstreifen erfaßt wurden, wurden sie nach dem sogenannten *Breakpointverfahren* digitalisiert und auf die *Hydrological Information Systems* (HIS) Datenbank des DWA geladen. Bei diesem Verfahren ist die Dichte der Digitalisierungspunkte von der Höhe der Wasserstandsänderung abhängig. Diese Datengrundlage erlaubt die Berechnung von stündlichen Abflußdaten. Zu diesem Zweck wurden sämtliche Abflußdaten der HIS-Datenbank entnommen und mittels eigens entwickelter FORTRAN Pro-gramme[2] Stundenwerte des Abflusses bzw. des Wasserstands für alle Stationen und alle Jahre berechnet und für spätere Verarbeitung abgespeichert.

---

[2] Ein Teil dieser Programme wurden von Herrn Dr. FLÜGEL, dem damaligen Projektleiter des Breede River Salination Research Programme, entwickelt.

Tab. 6: Verfügbare Abfluß- und Wasserqualitätsdaten routinemäßig aufgenommener Daten des DEPARTMENT OF WATER AFFAIRS

Station	Stationsname	Abfluß-messung	Wasserqualitätsdaten		
			erste Probe	letzte Probe	Probenanzahl
H1H003	Breede River at Ceres Commonage	A	08-71	09-89	532
H1H006	Breede River at Witburg	A	08-71	09-89	467
H1H007	Wit River at Orosterskloof	A	08-71	09-89	502
H1H012	Holsloot River at Daschbosch Rivier	A	10-77	03-86	193
H1H013	Koekedou River at Persephone	A	10-77	09-89	252
H1H014	Vals River at Ben Etive	A	10-77	01-84	248
H1H015	Breede River at Nekkies (onder Brandvlei)	W	10-77	09-89	264
H1H016	Rooikloof River at Ben Etive	A	10-77	09-89	121
H1H017	Elands River at Hawequas Forest Res.	A	10-77	09-89	547
H1H018	Molenaars River at Slanghoek	A	10-77	09-89	264
H1H019	Slanghoek River at Slanghoek	W	10-77	09-89	43
H1H020	Hartbees River at Brandwachts Berg	A	04-80	05-81	31
H1H028	Brandvlei Dam: at Gauge Plate	W	10-77	09-89	54
H1H031	Stettynskloof Dam: near Dam Wall	W	09-77	09-89	36
H1H032	Ceres Dam: near Dam Wall	W	05-79	03-89	51
H2H001	Hex River at New Glen Heatlie	A	10-77	09-89	220
H2H003	Hex River at De Wet	A	09-77	05-86	280
H2H004	Sanddrifskloof River at Sanddrifts Kloof	A	10-77	09-89	193
H2H005	Rooielskloof River at Roode Els Berg	A	10-77	09-89	189
H2H009	Spek Canal from Spek at Hottentots Kraal	A	06-83	09-89	285
H2H010	Hex River at Bridge at 3 Riviere	W	04-71	09-89	410
H2H015	Roode Els Berg Dam: Downstream Weir	A	01-78	09-89	83
H2H016	Lakenvalley Dam: Downstream Weir	A	09-77	09-89	143
H3H004	Keisie River at Harmonie	A	10-77	09-89	71
H3H005	Keisie River at Keisies Doorns	A	10-77	02-86	109
H3H009	Dwariega River at Riet River	W	09-77	06-79	31
H3H011	Kogmanskloof River at Goudmyn	A	11-79	09-89	511
H3H013	Poortjieskloof Dam: Left Bank Canal	A	10-79	09-89	85
H3H015	Pietersfontein Dam: Downstream Weir	A	03-83	01-88	28
H4H005	Willem Nels River at Langevalley	A	10-77	07-89	169
H4H006	Breede River at Doorn R. (Le Chasseur)	A	10-77	09-89	563
H4H007	Koo River at Die Coo	A	09-77	09-89	118
H4H008	Koo River at Dwars in die Weg	A	10-77	07-89	109
H4H009	Hoeks River at Hoeks Berg	A	10-77	09-89	232
H4H011	Keisers River at Uitnood	W	09-77	08-83	220
H4H012	Waterkloof Spruit at Poesjenels River	A	10-77	07-89	277
H4H013	Hoeks River at Wor Q 11-3 (Moddergat)	W	10-77	09-89	136
H4H014	Breede River at Karroo (Mooordkuil)	A	09-77	09-89	519
H4H015	Houtbaais River at Schurfberg	A	04-79	10-89	229
H4H016	Keisers River at McGregor (Vrolykheid)	A	02-79	09-89	563
H4H017	Breede River at Le Chasseur	A	07-80	09-89	530
H4H018	Poesjenels River at Le Chasseur	A	10-77	10-89	576
H4H019	Vink River at De Gorree	A	09-77	09-89	187
H4H020	Nuy River at Doorn River	A	05-81	09-89	280
H4H022	Le Chasseur Canal D/stream Kwaggaskloof	W	04-81	10-89	414
H4H023	Nuy River at Doornrivier (Alfa)	W	11-79	04-84	255
H4H024	Robertson Canal Intake at De Goree	W	09-77	09-89	504
H4H033	Keerom Dam: Right Bank Canal	A	02-78	10-89	121
H4H034	Klipberg Dam: Near Dam Wall	W	09-77	05-84	35
H5H004	Breede River at Wolvendrift (Secunda)	A	09-77	09-89	545
H5H006	Sanddrift Canal f. Breede R. at Goudmyn	W	11-79	09-89	510
H5H007	Angora Canal f. Breede R. at Wolfendrift	W	12-79	09-89	493

A = Abflußdaten vorhanden
W = Wasserstandsdaten vorhanden

3.2 Erfassung von Wasserqualitätsdaten

3.2.1 Das Wasserqualitäts-Meßnetz

Seit den frühen 70er Jahren betreibt das Department of Water Affairs routinemäßig ein nationales Probennahmeprogramm zur Erfassung der Oberflächenwasserqualität. Innerhalb des Untersuchungsgebietes befinden sich 79 Probennahmestellen. Nach dem Ausschluß der Stationen, die über weniger als sechs Einzelmessungen verfügen oder die sich in unmittelbarer Nähe einer benachbarten Station befinden, die über mehr Daten im selben Wasserkörper verfügt, verbleiben 52 Probennahmestellen für weitere Untersuchungen.

Wasserproben dauerhaft fließender Bäche und Flüsse werden monatlich oder wöchentlich genommen, während episodisch fließende Vorfluter unregelmäßig beprobt werden. Die Proben werden im Hydrological Research Institute (HRI) auf ihre wichtigsten anorganischen Inhaltsstoffe analysiert: Ca^{2+}, Mg^{2+}, Na^+, K^+, Alkalität (Total Alkalinity, TAL, als $CaCO_3^-$), Cl^-, $H_2PO_4^-$, NH_4^+, NO_3^-, F^- und SO_4^{2-}. Durch die Summierung der Analysewerte der Anionen und Kationen wird der Gesamtsalzgehalt (total dissolved salts = TDS) als TDS-Wert in mg l^{-1} errechnet. Die Analysen schließen die Bestimmung der elektrischen Leitfähigkeit (EC) und des pH-Wertes ein. Tab. 7 führt die Determinanten, ihre Analysemethoden und Nachweisgrenzen auf.

Die Konzentrationsangabe von gelösten Stoffen wird gewöhnlich als Masse der gelösten Substanz bezogen auf die Masse bzw. Volumen des Lösungsmittels Wasser angegeben (z. B. g kg^{-1}, g m^{-3}, mg l^{-1}). Diese Konzentrationsangabe ist dann nicht mehr zweckmäßig, wenn man die Qualität der chemischen Analyse prüfen, chemische Gleichgewichte beschreiben oder andere chemische Parameter berechnen will (ZAPOROZEC, 1972; SONTHEIMER *et al.*, 1980). Daher wird in dieser Arbeit die Konzentrationsangabe nicht als Masse eines Stoffes, sondern als Äquivalentmasse bezogen auf das Wasservolumen (me l^{-1}) angegeben. Man erhält die Äquivalentmasse (in me l^{-1}), indem man den Analysewert (in mg l^{-1}) durch die relative Atommasse teilt und mit der Wertigkeit multipliziert (PALMER, 1911):

$$\textit{équivalentmasse } [me \cdot l^{-1}] = \frac{\textit{Analysewert } [mg \cdot l^{-1}]}{\textit{Atomgewicht}} \cdot \textit{Wertigkeit} \qquad (7)$$

Tabelle 8 listet die verwendeten Umrechnungsfaktoren auf. Die Konzentrationsangabe von Wasserinhaltsstoffen als Äquivalentmasse ermöglicht die Berechnung der prozentualen Ionenanteile, des Natriumadsorptionsverhältnisses (NAV) oder Restnatriumkarbonats (RNK) sowie einer Anzahl wichtiger Ionenverhältnisse (ZAPOROZEC, 1972; HEM, 1985). Die Umrechnung von Masse in Äquivalentmasse, die Bewertung der Güte der Analysen und die Berechnung des NAV, des korrigierten NAV oder des RNK wurden mittels eigens entwickelter FORTRAN Programme durchgeführt.

Tab. 7: Makro Analyse: Analytische Methoden und Nachweisgrenzen (Van VLIET *et al.*, 1988)

Determinante	Abkürzung	Analytische Methode	Nachweis-grenze
gelöstes Kalzium	Ca	Atomic Absorption Spectrophotometer Air/Acetylene	1.00 mg l^{-1}
gelöstes Magnesium	Mg	Atomic Absorption Spectrophotometer Air/Acetylene	1.00 mg l^{-1}
gelöstes Natrium	Na	Flame Emission - Flame Photometer	2.00 mg l^{-1}
gelöstes Kalium	K	Flame Emission - Flame Photometer	0.30 mg l^{-1}
gelöstes Chlor	Cl	Automated Colourimetric Mercury-thiocyanate Iron (III)	3.00 mg l^{-1}
gelöstes Sulphat	SO_4	Automated Colourimetric Turbidimetric	2.00 mg l^{-1}
Alkalität (als $CaCO_3$)	TAL - $CaCO_3$	≤ 400 mg l-1 Automated Colourimetric Bromo-phenol Blue	4.00 mg l^{-1}
		> 400 mg l-1 Endpoint Titration Method (pH 4.5)	4.00 mg l^{-1}
gelöstes Fluor	F	Automated Ion Selective Electrode	0.10 mg l^{-1}
gelöstes Silikon	Si	Automated Colourimetric Molybdenum Blue	0.40 mg l^{-1}
Nitrat + Nitrit (als N)	NO_3+NO_2 - N	Cadmium Reduction Automated Colourimetric Diazo Dye	0.05 mg l^{-1}
Ammonium (als N)	NH_4 - N	Automated Colourimetric Ascorbic Acid Re-duction Indophenol Blue	0.02 mg l^{-1}
Phosphat (PO_4 als P)	PO_4 - P	Automated Colourimetric Molybdenum Blue	0.05 mg l^{-1}

Tab. 8: Umrechnungsfaktoren für die Berechnung der Äquivalentmasse von Ionen (FISCHBECK, 1972)

Ion	um **me** zu erhalten, dividiere **mg** durch	Ion	um **me** zu erhalten, dividiere **mg** durch
Ca	20.04	SO_4	48.03
Mg	12.1525	F	18.998
K	39.102	NO_3 - N	14.007
Na	22.9898	NH_4 - N	14.007
HCO_3 - Ca CO_3	50.044	$HSiO_3$	28.08
Cl	35.453	H_2PO_4 - P	30.9734

Das Meßprogramm des Department of Water Affairs hat, wie auch nationale Meß-programme anderer Länder, ursprünglich folgende Zielsetzungen (DWA, 1986):

• Erfassung der Fluktuation und langzeitiger Trends bestimmter Wasser-qualitätsparameter,
• Identifizierung von Problemgebieten,
• Kontrolle der Effizienz von regulativen Maßnahmen, und
• Identifizierung der Notwendigkeit für spezielle Untersuchungen.

Ein Meßprogramm mit monatlicher oder wöchentlicher Probennahme, wie es vom DWA durchgeführt wird, kann nicht die Wasserqualität unter allen Abflußbedingungen erfassen (SANDERS *et al.*, 1983; KIENZLE, 1991). Hieraus folgt, daß die Wasserqualitätsdaten eines solchen Meßprogramms das Spektrum der auftretenden Abflüsse nicht vollständig repräsentieren kann und zur kompletten Erfassung der Salzdynamik ungeeignet sind. Hieraus ergibt sich die Notwendigkeit zum Aufbau eines speziellen Meßprogramms, das eine häufigere Beprobung wichtiger Standorte zur Erfassung des Gesamtsalzgehaltes beinhaltet. Dieses Meßprogramm wird im folgenden Abschnitt näher dargestellt.

3.2.2 Das tägliche Probennahmeprogramm

Im Jahre 1975 hat das Hydrological Research Institute ein tägliches Meßprogramm zur Messung des Salzgehaltes angefangen. Dieses Meßprogramm wurde im Laufe der Jahre so erweitert, daß der Salzgehalt an insgesamt 15 Stationen im Breede River, seinen wichtigsten Nebenflüssen, im Brandvleidamm und wichtiger Bewässerungskanäle täglich gemessen wurde. Wie in Abb. 12 schematisch dargestellt ist, wurde bei der Probennahme eine Pegelmessung und die Zeitnahme vorgenommen, um eine spätere Verknüpfung der Salzdaten mit Abflußdaten zu ermöglichen. Außerdem konnte die Zeitnahme und Pegelmessung zur Kontrolle des Probenpersonals verwendet werden, denn dieses Personal bestand aus Kostengründen nicht aus ausgebildeten Technikern, sondern in der Regel aus Farmarbeitern, die häufig den Sinn des Meßprogramms nicht verstanden. Diese Situation führte manchmal zu Schwierigkeiten im Meßprogramm, so daß Perioden mit fehlenden bzw. unbrauchbaren Proben auftraten. In Tabelle 9 sind die Meßstationen und die Meßperioden aufgelistet. Abb. 13 präsentiert die Lage der Meßstationen und die ihnen zugeordneten Einzugsgebiete.

Tab. 9: Meßstationen und Meßperioden des täglichen Probennahmeprogramms

Station	Gewässer	erste Probe	letzte Probe
H1H015	Breede	01-86	08-89
H1H028	Brandvlei Dam	10-86	10-88
H2H010	Hex	04-78	07-86
H3H011	Kogmanskloof	04-81	04-90
H4H011	Keiser	06-89	04-90
H4H017	Breede	07-75	04-90
H4H018	Poesjenels	11-77	04-90
H4H019	Vink	01-80	04-90
H4H020	Nuy	02-78	04-90
H4H021	Le Chasseur Canal	07-75	10-86
H4H022	Brandvlei Dam	04-81	10-88
H4H024	Robertson Canal	04-81	04-90
H5H004	Breede	07-75	04-90
H5H006	Sanddrift Canal	04-81	04-90
H5H007	Angora Canal	04-81	04-90

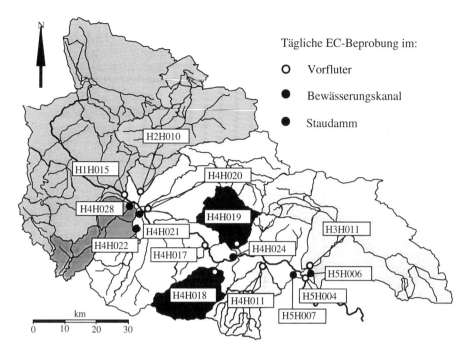

Tägliche EC-Beprobung im:

○   Vorfluter

●   Bewässerungskanal

●   Staudamm

Abb. 13   Meßstationen des täglichen Sammelprogramms und die zugeordneten Einzugsgebiete

Um die Analyse der Wasserproben in der im Untersuchungsgebiet befindlichen Feldstation auf ihren Salzgehalt zu erleichtern, wurde nicht der TDS-Wert direkt analysiert, sondern der ihm eng korrelierte EC-Wert (EC = electrical conductivity; s. Kap. 3.3.1) gemessen. Als Laborgerät wurde zunächst ein Zeiss Conductometer benutzt, der eine separate Temperaturmessung zur EC-Korrektur erforderte. Seit 1986 wurde dieses Gerät mit einen WTW Conductometer LF 191 mit automatischer Temperaturkompensation auf 25° C eingesetzt. Beide Geräte müssen regelmäßig mittels einer Standardlösungen (Kaliumchlorid) unterschiedlicher Konzentration geeicht werden. Trotz der zu erwartenden unterschiedlichen Datenqualität beider Analysegeräte ist kein signifikanter Unterschied in den Ergebnissen festzustellen. Ein "Sprung" in der Ganglinie zur Zeit des Gerätewechsels ist nicht erkennbar.

3.2.3   EC-TDS-Beziehung

Die Fähigkeit von Salzlösungen, den elektrischen Strom durch die in der Elektrolytlösung frei beweglichen Ionen zu leiten, eröffnet die Möglichkeit einer indirekten Messung des Salzgehaltes durch die Messung der elektrischen

Leitfähigkeit (EC) (SONTHEIMER *et al.*, 1980; HEM, 1982). Die elektrische Leitfähigkeit wird in Siemens (S) pro Längeneinheit (S m^{-1} bzw. mS m^{-1}) bei gegebener Referenztemperatur (in Südafrika: 25° C) angegeben. Die Einheit Siemens ist gleichwertig mit dem früher gebräuchlichen Wert mhos, der sich von der rückwärts geschriebenen Widerstandseinheit Ohm ableitete. Ein mS m^{-1} entspricht einem mmohs m^{-1}. Die elektrische Leitfähigkeit hängt von der Temperatur, der Natur des Elektrolytes und seiner Konzentration ab (TCHONANOGLOUS & SCHROEDER, 1985). Mit steigender Konzentration und entsprechend größerer Anzahl an Ionen erhöht sich die elektrische Leitfähigkeit proportional so lange, bis die wechselseitige Behinderung der Ionen eine Senkung der Leitfähigkeit bewirkt. Der lineare Charakter der EC-TDS-Beziehung wird am Beispiel der Salzwerte der Station H4H018 deutlich (Abb. 14).

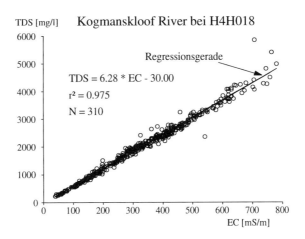

Abb. 14: Korrelationsdiagramm von TDS gegen EC der Station H4H018

Zur Umrechnung der EC-Werte in TDS-Werte wurde auf das Datenmaterial von der Wasserqualitätsdatenbank des DWA zurückgegriffen. Wie bereits erläutert, verfügt diese Datenbank sowohl über TDS-Werte als auch EC-Werte. Damit läßt sich eine Regressionsgleichung für die Umrechnung aufstellen. Da die verschiedenen Ionen einen unterschiedlichen Einfluß auf die elektrische Leitfähigkeit haben (HEM, 1982) und deshalb Gewässer unterschiedlicher chemischer Zusammensetzung verschiedene Regressionsgleichungen zur Folge haben, wurde für jede Meßstation ein eigenes lineares Regressionsmodell zur Umrechnung der EC-Werte (in mS m^{-1}) in TDS-Werte (in mg l^{-1}) hergestellt:

$$TDS = a \cdot EC + b \qquad (8)$$

Tab. 10 listet die Regressionsfaktoren und das Bestimmtheitsmaß der einzelnen Stationen auf. Fast alle Stationen weisen eine sehr starke Korrelation mit einem

Bestimmtheitsmaß von über 95 % auf. Die weniger enge Korrelation der Stationen H1H028 und H4H021 (beide messen Ablässe vom Brandvlei Damm) läßt sich durch den niedrigen Salzgehalt von weniger als 30 mS m^{-1} und die entsprechenden relativen Meßungenauigkeiten von EC und TDS erklären. Generell gilt, daß Flüsse mit einem hohem Salzgehalt einen hohen a-Wert aufweisen. Für eine umfassende Erörterung aller wichtigen Merkmale zur elektrischen Leitfähigkeit wird auf die Arbeit von HEM (1982) verwiesen.

Tab. 10: Korrelationfaktoren und Bestimmtheitsmaße der EC-TDS Beziehung für die Stationen des täglichen Probenahmeprogramms

Station	a	b	r^2	N[*]
H1H015	4.82	3.25	0.991	74
H1H028	5.36	4.15	0.884	50
H2H010	6.67	-76.63	0.973	272
H3H011	6.16	-33.27	0.974	299
H4H011	6.81	-70.00	0.992	185
H4H017	5.33	-1.72	0.984	377
H4H018	6.28	-30.00	0.975	310
H4H019	5.68	6.79	0.977	373
H4H020	6.26	-21.48	0.973	180
H4H021	4.86	8.20	0.874	377
H4H022	5.40	0.89	0.967	302
H4H024	5.44	-4.57	0.975	288
H5H004	5.81	-13.07	0.994	435
H5H006	5.80	-17.75	0.990	295
H5H007	5.56	-8.06	0.983	288
[*]N = Anzahl der verwendeten Wertepaare				

3.2.4 Güte der Wasserqualitätsdaten

Das Beproben eines Gewässers nach Wasserqualitätsparametern ist das Erfassen von Stichproben eines stochastischen Prozesses. Um sich zu vergewissern, daß die erfaßten Stichproben die tatsächlichen Wasserqualitätsbedingungen repräsentieren und für eine Charakterisierung eines Gewässers oder die Beurteilung der Gewässergüte verwendet werden können, ist eine Datenevaluierung zur Feststellung des Repräsentationsgrades erforderlich (UNESCO/WHO, 1978; SANDERS *et al.*, 1983). Insgesamt wurden vier verschiedene TDS-Datenreihen statistisch verglichen (KIENZLE, 1991):

- kontinuierliche TDS-Werte (ein Wert pro Minute, erfaßt über einen mit einem Datenlogger gekoppelten fest am Meßwehr eingebauten EC-Sensor und Mittelung von jeweils 60 Daten als Stundenwert),
- täglich erfaßter TDS-Wert (tägliches Probennahmeprogramm),
- wöchentlich erfaßter TDS-Wert (WQ-Datenbank),

- monatlich erfaßter TDS-Wert (erster Wochenwert des Monats, WQ-Datenbank).

Das Ausmaß, mit dem die verfügbaren Wasserqualitätsdaten das Abflußregime repräsentieren, wurde für fünf Meßstationen untersucht. Eine visuelle Inspektion der Summenhäufigkeitskurven der zur Probennahmezeit herrschenden Abflüsse ließ erkennen, daß nur unter niedrigen und mittleren Abflußbedingungen die wahren Abflußgrößen relativ genau erfaßt werden, während die Abflußscheitel aufgrund fehlender Stichproben während der kurzen Zeit des maximalen Abflusses in der Regel nicht registriert werden. Während bei täglicher Probennahme die tatsächlichen mittleren monatlichen Abflußwerte zu über 99 % repräsentiert werden, fällt dieser Wert bei wöchentlicher und monatlicher Probennahme auf etwa 92 bzw. 55 % zurück (KIENZLE, 1990, 1991). Monatliche Probennahme ist daher aus Gründen der ungenauen Repräsentation des Abflußregimes nicht für eine nähere Untersuchung der durch die Abflußdynamik hervorgerufenen Salzdynamik geeignet.

Eine weitere Evaluierung der Datengüte basiert auf dem Vergleich der monatlich, wöchentlich und täglich gesammelten TDS-Stichproben mit der Stichprobe infolge minütlicher Erfassung des TDS-Wertes. Da die minütlich registrierten TDS-Werte praktisch alle auftretenden TDS-Werte innerhalb des Beprobungszeitraumes repräsentieren und die Varianz dieser Stichprobe der Varianz der Grundgesamtheit sehr ähnlich ist, werden die anderen drei Stichprobenreihen mit ihr verglichen. Hierfür wurden zunächst die monatlichen Mittelwerte berechnet und dann eine Korrelation zwischen den Monatswerten der minütlich erfaßten TDS-Werte mit denen auf kleinere Stichproben basierenden TDS-Werten mittels einer linearen Regressionsanalyse hergestellt und mit dem Bestimmtheitsmaß bewertet (Tab. 11).

Tab. 11: Statistischer Vergleich verschiedener Probenahmehäufigkeiten mit minütlich erfaßten TDS-Werten

Station	arithmetisches Mittel in mg l^{-1}	Standard-abweichung in mg l^{-1}	Anzahl der untersuchten Monate	Bestimmtheitsmaß bei einer Stichprobe pro		
				Tag	Woche	Monat
H3H011	1880	518	15	0.96	0.93	0.39
H4H017	97	24	15	0.94	0.85	0.20
H4H018	2480	693	12	0.96	0.80	0.60
H4H019	1625	396	12	0.97	0.95	0.76
H5H004	370	300	16	0.99	0.99	0.62

Aus der Analyse geht hervor, daß mit Erhöhung der Probennahmehäufigkeit die Signifikanz der Korrelation wächst. Die tägliche Beprobung repräsentiert die tatsächlich auftretenden TDS-Werte zu etwa 96 %, während bei wöchentlicher Probenahme etwa 90 % der minütlichen Stichprobe erfaßt wird. Je größer die tatsächlich auftretenden TDS-Werte zu etwa 96 %, während bei wöchentlicher Probenahme etwa 90 % der minütlichen Stichprobe erfaßt wird. Je größer die Variabilität des Abflusses und des Salzgehaltes eines Flusses ist, desto unsicherer wird die Beprobung infolge Verringerung der Stichprobenzahl. Obwohl nach Möglichkeit den Daten aus dem täglichen Sammelprogramm Vorzug zu geben ist, sind die durch wöchentliche Beprobung erhobenen Daten durchaus akzeptabel. Die auf monatlichen Stichproben basierenden Daten sind für die Untersuchung der Salzdynamik dagegen nicht geeignet, da sie das Abflußregime und die assoziierte hohe Variabilität des Salzgehaltes nicht ausreichend repräsentieren können. Weitere Analysen von KIENZLE (1990) ergeben:

- Bei wachsenden Probennahmeabständen werden die Standardabweichungen der monatlichen bzw. jährlichen TDS-Werte zunehmend überschätzt.
- Bei der für die Berechnung von Salzfracht und abflußgewogenen TDS-Werten notwendigen Verknüpfung von Salzkonzentration mit korrespondierenden Abflußdaten werden aufgrund des bei wachsenden Probenahmeabständen zunehmenden Mangels an Stichproben während der Abflußscheitel Ergebnisse erzielt, die die wahren Werte wesentlich unterschätzen können. Wöchentliche Probenahme führt im Untersuchungsgebiet zu einer Unterschätzung des abflußgewogenen monatlichen Mittels um bis zu 25 %.

3.3 Bestimmung der Einzugsgebiete

Um die Daten einer Meßstation interpretieren zu können, muß das Einzugsgebiet der untersuchten Station ermittelt werden. Nur dann können physisch-geographische Gegebenheiten berücksichtigt und wichtige Gebietskennwerte wie Einzugsgebietsgröße, Gebietsniederschlag, Abflußspende, Abflußverhältnis oder spezifischer Salzaustrag berechnet werden.
Die Positionen der Meßstationen wurden in Topographische Karten 1:50000 eingetragen und die einzelnen Einzugsgebiete anhand der Höhenlinien aufgenommen. Anschließend wurden die Einzugsgebietsgrenzen mit dem Geographischen Informationssystem (GIS) ARC/INFO als geographische Koordinaten digitalisiert. Um die kartenmäßig bedingte Verzerrung zu eliminieren und eine genaue Berechnung der Flächen zu ermöglichen, wurden die Einzugsgebietskarte auf die flächentreue Albers-Projektion transformiert (HAKE, 1975).

Für die Kartendarstellung wurde die Einzugsgebietsgrenzenkarte in Gauss-Koordinaten transformiert. Dieses Koordinatensystem wurde auch für die Darstellung und Verarbeitung aller weiteren räumlichen Daten verwendet.

3.4   Feldarbeit

Für die Betreuung des täglichen Sammelprogramms und Besichtigung aller Pegel wurden regelmäßige Exkursionen unternommen. Hierbei standen die Feststellung der physisch-geographischen Gegebenheiten, der Landnutzung und insbesondere Bewässerungsmethoden und Kontakte mit Bewässerungsfarmern im Vordergrund.

Darüber hinaus war es für die Interpretation der vorhandenen Wasserqualitätsdaten notwendig, in ausgewählten Einzugsgebieten (Poesjenels, Keiser, Vink und Kogmanskloof River) die Landnutzung zu kartieren. Dabei wurden die verschiedenen landwirtschaftlichen Nutzungsflächen hinsichtlich ihrer Wasserversorgung in vier Gruppen eingeteilt:

1.   Bewässerung von Weinreben
2.   Bewässerung von Obstbaumplantagen
3.   Bewässerung von Luzerne, Weiden u.s.w.
4.   Trockenfeldbau (vorwiegend Weizen).

Die Aufnahme wurde auf Topographische Karten des Maßstabes 1:50.000 unter Zuhilfenahme von etwa zehn Jahre alten Orthophotos des Maßstabs 1:10.000 durchgeführt. Anschließend wurden die Karten im Maßstab 1:50.000 digitalisiert. Um den Grad der Überschätzung der Flächen, die bei diesem Maßstab unvermeidlich infolge Miteinbeziehung von Feldwegen, Höfen und anderen unbebauten Flächen als Landnutzungsflächen auftritt, abzuschätzen, wurden anhand von Testflächen die Flächenanteile der Topographischen Karte mit denen der Orthophotos verglichen. Der Überschätzungswert wurde auf 7 % bestimmt und fand bei anschließenden Flächenberechnungen Berücksichtigung. Sowohl bei der Kartenaufnahme als auch bei der Probennahme wurden zahlreiche Kontakte zu ansässigen Farmern hergestellt. Die Befragungen der Farmer hinsichtlich ihrer landwirtschaftlichen Praxis, Anbauflächen und Bewässerungs- und Düngergaben erwiesen sich als äußerst hilfreich.

4.   SALZDYNAMIK DER VORFLUTER

4.1   Ganglinienanalyse

Die zeitliche Veränderung von Wasserqualitätsdaten wird gewöhnlich als Ganglinie dargestellt. Die Ganglinienanalyse betrachtet die Ereignisse eines Phänomens (hier: des Gesamtsalzgehaltes) als stochastischen Prozeß (BOURODIMOS *et al.*, 1974) und beinhaltet die mathematische Beschreibung der Phänomene hinsichtlich von Trend, Zyklen und statistischen Eigenschaften von Zufallsereignissen. Hydrologische oder Wasserqualitätszeitreihen, die sich über mehrere Jahre erstrecken, bestehen im allgemeinen aus drei unterschiedlichen Komponenten (THOMANN,

1967; BOURODIMOS *et al.*, 1974; CUNNINGHAM & MORTON, 1983; SANDERS *et al.*, 1983):

1. dem Trend, d.h. der Entwicklungstendenz innerhalb einer Beobachtungsperiode,
2. der jahreszeitlichen Veränderungen, welche die periodische Variationen einer Zeitreihe repräsentieren, und
3. irregulären Schwankungen oder Inhomogenitäten, die als Zufallskomponente betrachtet werden (im englischen Sprachgebrauch häufig *noise* - sinngemäß Hintergrundgeräusch - genannt).

4.1.1 Charakterisierung der Ganglinien des Gesamtsalzgehaltes

Die Ganglinien des Gesamtsalzgehaltes (TDS in mg l^{-1}) der Probenahmestellen sind in Abb. A22 (Anhang) dargestellt. Die Ganglinien sind, soweit Daten vorhanden sind, für die Niederschlagsjahre 1978 bis 1988 dargestellt. Diese Darstellungsform gibt einen ersten Aufschluß über eine Reihe von Informationen:

1. Periode der durchgeführten Probennahme,
2. Probennahmehäufigkeit (z. B. wöchentlich bei Station H1H007, monatlich bei Station H1H016 oder ein Wechsel von wöchentlich und monatlich bei Station H1H013),
3. Schwankungsbereich des Stoffgehaltes,
4. Auftreten oder Fehlen von jahreszeitlichen Zyklen (z. B. offenbarer Zyklus der Stationen H1H003 oder H1H006, kein erkennbarer Zyklus bei Stationen H1H007 oder H1H012),
5. Auftreten oder Fehlen von Trends.

Neben einer ersten Charakterisierung der Salzdynamik dienen die Ganglinien der Auswahl von solchen Stationen, die über relativ gute Datengrundlage hinsichtlich des Stoffgehaltes verfügen. Insbesondere Stationen mit wöchentlichen Werten über einen Zeitraum mehrerer Jahre und gleichzeitiger Erhebung von Abflußdaten sind für weitere Untersuchungen geeignet. Bei allen anderen Stationen sind gewisse Aussagen hinsichtlich jahreszeitlicher Schwankungen und Trends oder Stoffgehalt-Abflußbeziehungen zwar möglich, bleiben aber wegen der ungewissen Repräsentanz der Stichproben gegenüber der Grundgesamtheit unsicher und spekulativ.

4.1.2 Häufigkeitsverteilung

Die wichtigsten statistischen Kennwerte der Daten zum Stoffgehalt sind in Tab. 12 aufgeführt. Beim Vergleich der Mittelwerte mit den Medianwerten wird erkennbar, daß die TDS-Werte im allgemeinen nicht normalverteilt sind. Da ein gewisser Einfluß des Abflußregimes der jeweiligen Einzugsgebiete auf den Salzgehalt zu erwarten ist, wurden die Häufigkeitsverteilungen der TDS-Werte mit den wichtigsten in der Hydrologie verwendeten Verteilungsfunktionen (Normalverteilung, Log-Normalverteilung, Pearson-III-Verteilung und Gumbelverteilung) auf ihre Ähnlichkeit hin getestet. Diese Tests erbrachten folgende Ergebnisse:

- Es können keine allgemeingültigen Aussagen über die Verteilungsfunktion des Stoffgehaltes getroffen werden. Jede der untersuchten Verteilungsfunktionen sind bei mindestens einer Meßstationen vertreten.
- Die Verteilung des Stoffgehalts entspricht in den meisten Fällen am ehesten der Normalverteilung, obwohl generell eine schwache positive Schiefe vorhanden ist.
- Einige Stationen weisen eine von allen getesteten Verteilungen sehr abweichende Verteilung der TDS-Werte auf. Dies gilt insbesondere für die Einzugsgebiete, die einen sehr hohen Salzgehalt aufweisen und deren Abflußregime bewußt durch Regulierung oder unbewußt durch Farmdämme und Bewässerungswirtschaft gestört sind.
- Zusammenfassend läßt sich die Aussage treffen, daß die Verteilung des Salzgehaltes eines Vorfluters zwar vom Abflußregime beeinflußt wird, darüber hinaus jedoch von nicht-hydrologischen Faktoren geprägt wird.

Um einen Überblick über die Häufigkeitsverteilungen zu geben, sind die Überschreitungswahrscheinlichkeiten in Tab. 12 aufgelistet. Wegen der Schiefe der Verteilungen ist dem Median als Zentralwert der Verteilung gegenüber dem Mittelwert der Vorzug zu geben.

Ein Vergleich der Überschreitungswahrscheinlichkeiten zeigt, daß eine Anzahl von Stationen sehr gleichmäßige Salzgehaltsverteilungen aufweisen. Zu diesen Stationen gehören die mit grundsätzlich sehr niedrigem Stoffgehalt (TDS < 100 mg l^{-1}) wie z. B. H1H007, H1H012, H1H013, H1H016, H1H017 und andere. Diese Einzugsgebiete weisen ähnliche physiographische Verhältnisse auf. Sie liegen alle in Gebirgsregionen, die aus Quarziten und Sandstein bestehen (TMS) und sind weitgehend ungestört. Zur Einteilung der Teileinzugsgebiete in Klassen mit gleichartigen Salzgehaltswerten kann die Häufigkeitsverteilung benutzt werden.

Als ein Gemeinschaftsmerkmal für die Klassifizierung aller Einzugsgebiete wurde die 10%ige Überschreitungswahrscheinlichkeit (P_{10}) gewählt. Dieses Klassifizierungsmerkmal ist wegen der weitverbreiteten positiven Schiefe der Salzgehaltsverteilung anderen statistischen Kennwerten, wie z. B. dem Median, vorzuziehen. Es ist davon auszugehen, daß eine Überschreitungswahrscheinlichkeit von kleiner als 10% zu sehr von außergewöhnlichen Zufallsereignissen beeinflußt wird, und daher, insbesondere bei Stationen mit relativ geringer Datenmenge, diese Zufallsereignisse überbewerten würde. Die räumlichen Verteilungen dieses Klassifizierungsmerkmals sowie die der 50% und 90% Überschreitungswahrscheinlichkeit sind in Abb. A6 bis A8 (Anhang) dargestellt. Die Karte in Abb. A6 läßt sich folgendermaßen interpretieren:

Klasse 1 (P_{10}>100 mg l^{-1}): Diese Einzugsgebiete liegen entweder in Gebirgsregionen mit vorwiegend Quarziten und Sandsteinen mit hohen jährlichen Niederschlägen oder die Einzugsgebiete haben Tallage und transportieren Gebirgswasser durch ihr Gebiet (H1H015, H1H028, H4H022, H4H006). Hierbei gehören H1H028 und H4H022 zum Brandvleidamm und H4H006 befindet sich direkt stromabwärts der Dammauslässe.

Klasse 2 (P_{10}>300 mg l^{-1}): Einzugsgebiete dieser Klasse unterliegen verschiedenen Einflüssen. Sie gehören entweder zum Breede River, der flußabwärts vom Brandvleidamm zahlreiche Zuflüsse mit hohem Salzgehalt hat und dessen Salzgehalt durch Ablässe vom Brandvleidamm reguliert wird. Andere Einzugsgebiete wie das Ceresbecken (H1H003) oder das Hextal (H2H001) weisen ausgedehnte Bewässerungsgebiete auf gut drainierten Böden auf. Die anderen Einzugsgebiete dieser Klasse haben ihren Salzgehalt infolge der vorherrschenden geologischen Bedingungen mit Einflüssen von marinen Sedimenten und ihrem niederschlagsarmen Klima mit hoher Evapotranspiration.

Klasse 3 (P_{10}>500 mg l^{-1}): Die Salzgehalte der Vorfluter dieser selten vertretenen Klasse sind voraussichtlich auf geologische Verhältnisse mit relativ hohem Salzpotential zurückzuführen. Im Falle von Einzugsgebiet H5H004 ist der vorliegende Salzgehalt das Ergebnis einer Mischung von reguliertem Flußwasser mit einem salzreichen Nebenfluß.

Klasse 4 (P_{10}>1000 mg l^{-1}): Die drei nördlich gelegenen Einzugsgebiete erhalten ihren hohen Salzgehalt vermutlich von marinen, salzreichen Formationen der *Bokkeveld Group* und der *Dwyka Formationen*. Das Gebiet der Station H4H019 ist, insbesondere im unteren Teil, unter ausgedehnter Bewässerung, dessen irrigation return flow für den hohen Salzgehalt verantwortlich sein dürfte.

Klasse 5 (P_{10}>2500 mg l^{-1}): Zu dieser Klasse gehören die Einzugsgebiete, die über einen hohen Anteil an Bewässerungswirtschaft auf z. T. schlecht drainierten Böden verfügen (H3H011, H4H011, H4H018 und H4H023). Einzugsgebiet H2H010 stellt hier eine Ausnahme dar: der Hex River versickert in einer Schotterschicht und fließt unterirdisch bis kurz vor dem Zusammenfluß mit dem Breede Fluß.

Tab. 12: Statistik der Daten zum Gesamtsalzgehalt (TDS, alle Angaben in mg l^{-1})

Station	Beschreibende Statistik in mg l^{-1}					Überschreitungswahrscheinlichkeit				
	x	Min.	Max.	s	v in %	5%	10%	50%	90%	95%
H1H003	114	20	287	51	45	217	188	99	58	48
H1H006	65	15	255	56	86	118	101	53	30	26
H1H007	25	11	133	22	88	35	32	23	14	12
H1H012	29	15	58	8	28	45	38	28	19	17
H1H013	32	16	75	9	28	48	43	31	22	21
H1H014	70	10	243	73	104	182	151	31	16	14
H1H015	56	18	211	35	63	138	90	47	27	23
H1H016	24	10	144	14	58	37	29	22	14	12
H1H017	24	10	209	12	50	35	32	22	15	13
H1H018	26	18	69	8	31	40	35	25	17	15
H1H019	42	20	144	22	52	71	45	38	27	25
H1H020	25	16	41	7	28	38	31	23	17	16
H1H028	45	21	112	17	38	67	62	42	26	23
H1H029	39	10	113	22	56	83	70	32	18	13
H1H031	23	14	36	5	22	32	29	23	16	15
H1H032	29	14	45	6	21	37	35	29	21	19
H2H001	70	15	196	37	53	139	126	55	36	28
H2H003	101	12	281	53	52	191	169	94	43	32
H2H004	27	11	60	8	30	43	38	25	17	15
H2H005	23	8	77	11	48	44	30	22	13	12
H2H009	21	10	39	6	26	30	27	20	13	12
H2H010	2164	397	5873	604	28	2912	2765	2291	1197	984
H2H015	38	18	68	11	29	60	52	36	24	19
H2H016	79	30	158	17	22	99	93	77	63	59
H3H004	130	43	252	55	42	229	213	117	73	55
H3H005	1304	67	1861	481	37	1790	1716	1463	400	83
H3H009	250	67	403	84	34	368	361	243	127	75
H3H011	1941	404	4273	648	33	2967	2843	1846	1149	989
H3H013	329	88	593	105	32	490	466	333	195	133
H3H015	794	588	1077	149	19	1050	970	789	620	590
H4H005	77	28	159	19	25	108	99	75	51	43
H4H006	62	22	536	37	60	116	91	54	34	31
H4H007	1371	120	2006	410	30	1757	1681	1509	800	359
H4H008	1519	257	2438	446	29	2126	2028	1519	946	552
H4H009	38	13	208	20	53	59	47	34	23	22
H4H011	2939	122	16732	2645	90	7610	5154	2114	969	682
H4H012	45	24	125	10	22	58	54	44	35	33
H4H013	298	56	1988	277	93	819	615	198	84	67
H4H014	120	25	387	56	47	226	192	108	59	48
H4H015	39	25	71	8	21	50	44	39	29	28
H4H016	1554	61	6854	1002	64	3310	2652	1455	450	265
H4H017	126	9	808	65	51	238	206	116	62	46
H4H018	2246	39	5641	1065	47	3995	3631	2325	686	410
H4H019	1554	81	2841	504	32	2142	2097	1739	757	558
H4H020	1924	310	3634	621	32	2927	2689	1969	1024	792
H4H022	55	6	508	35	64	103	82	44	33	28
H4H023	1923	239	3438	661	34	2804	2682	2021	852	678
H4H024	157	6	1763	81	52	278	2251	148	82	61
H4H033	134	11	323	52	39	264	188	120	94	87
H4H034	203	89	392	64	32	320	270	185	132	100
H5H004	434	22	2369	225	52	1091	876	376	103	68
H5H006	259	23	1229	150	58	522	394	243	98	66
H5H007	222	31	1710	144	65	387	331	198	98	70

4.1.3   Ermittlung und Bewertung der Saisonalität

Ein wichtiger Faktor in der Charakterisierung der Salzdynamik eines natürlichen Vorfluters ist die Identifizierung und Qualifizierung der Saisonalität. Unter Saisonalität (angelehnt an das anglo-amerikanische *seasonality*) versteht man die zyklischen, von der Jahreszeit abhängigen Schwankungen einer Variablen innerhalb eines Abflußjahres. Der jahreszeitliche Verlauf vieler Wasserqualitätsvariablen folgt prinzipiell dem Verlauf einer Sinuskurve (SANDERS *et al.*, 1983). Da die meisten Vorfluter ein Abflußregime mit starken saisonalen Schwankungen aufweisen (vgl. Abb. 10), sind jahreszeitliche Schwankungen der TDS-Werte zu erwarten. Um das Vorhandensein der Saisonalität nachzuweisen, wurden drei Verfahren angewendet:

1. **Kruskal-Wallis Test für Saisonalität**: bei diesem nicht-parametrischen Test werden die Datenreihen monatlicher TDS-Werte auf signifikante periodischen Variationen bei einer Sicherheitswahrscheinlichkeit von 80, 90 und 95% getestet. Als Software wurde das WQSTAT Programm (PHILLIPS *et al.*, 1989) verwendet. Bei der Anwendung dieses Tests stellte sich heraus, daß dieser Test für die Erkennung der Saisonalität wenig geeignet ist, da bereits die Abweichung des Medians eines einzelnen Monats ausreicht, Saisonalität zu bestätigen. Darüber hinaus sind möglichst lange Meßperioden erforderlich, um statistisch gesicherte Aussagen machen zu können.

2. **Box-Whisker-Diagramme monatlicher TDS-Werte** (Abb. 15): diese Diagramme stellen eine ausgezeichnete Zusammenfassung der statistischen Verteilung von Zeitreihen dar. Für die Erkennung der Saisonalität werden alle TDS-Werte eines Monats (Oktober, November, usw.) auf Ihre Häufigkeit untersucht. Der Balken im Zentrum der Boxen stellt den Median und die Ober- bzw. Unterkante der Boxen den 75. bzw. 25. Prozentwert (Quartilen) dar. Das untere Ende der vertikalen Linie gibt das Minimum und das obere Ende das Maximum wieder. Punkte unter- oder oberhalb vom Minimum und Maximum stellen Ausreißer dar. Ausreißer sind hier als solche Werte definiert, die vom Median um mehr als das 1,5fache der Standardabweichung abweichen. TDS-Werte zweier Monate gelten als signifikant unterschiedlich, wenn sich ihre Boxen im innerquartilen Wertebereich nicht überlagern (z. B. Nuy River, Oktober und Dezember). Saisonalität der Varianzen liegt vor, wenn der Wertebereich der Boxen sehr unterschiedliche Größen aufweisen.

3. **Analyse der Autokorrelation**: diese Untersuchung eignet sich von den drei angewendeten Verfahren am besten für die Identifizierung und das Ausmaß der Saisonalität. Die Autokorrelation der monatlichen TDS-Werte gibt Aufschluß über die zeitliche Korrelation der Monatswerte. Saisonalität verursacht einen periodischen Wechsel von positiver und negativer Autokorrelation (Rho). Wenn eine positive Korrelation zwischen Beobachtungen besteht, die ein Jahr auseinander liegen (Zeitabstand 12, 24, usw. Monate), und gleichzeitig eine negative Korrelation zwischen solchen Beobachtungen

existiert, die ein halbes Jahr versetzt sind (Zeitabstand 6, 18, usw. Monate), herrscht Saisonalität. Abb. 15 stellt Autokorrelationen dreier Stationen dar, die keine Saisonalität, eine schwache Saisonalität und eine starke Saisonalität aufweisen. Im Graph unten rechts in Abb. 16 durchbrechen die Ordinaten der Autokorrelation die eingezeichneten Grenzwerte, d.h. die Autokorrelation ist hier bei dem 95% Konfidenzniveau signifikant.

Nach den oben beschriebenen Verfahren wurde das Vorhandensein der Saisonalität für alle 52 Probenahmestellen überprüft. Es können grundsätzlich drei verschiedene jahreszeitliche Dynamiken unterschieden werden. Der Salzgehalt hat entweder

- ein sommerliches Maximum,
- keinen deutlichen Zyklus, oder
- ein winterliches Maximum.

Die räumliche Verteilung dieser Klassifizierung ist in Abb. A9 (Anhang) für alle Einzugsgebiete dargestellt. Für die Interpretation dieser Karte müssen weitere Informationen hinsichtlich der Salzdynamik herangezogen werden. Hierzu gehören insbesondere das Niederschlags-Abflußverhältnis und die Abschätzung des atmosphärischen Salzeintrages in die einzelnen Einzugsgebiete. Die schrittweise Erarbeitung dieser wichtigen Informationen wird im folgenden Abschnitt erläutert und die Ergebnisse dargestellt.

4.2   Niederschlags-Abfluß-Verhältnisse

Ein wichtiger Gebietskennwert, der einen Einblick in das langfristige Abfluß-verhalten eines Einzugsgebietes gewährt, ist der Abflußbeiwert (LECHER, 1982; DYCK & PESCHKE, 1983) oder das Abflußverhältnis (BAUMGARTNER & LIEBSCHER, 1990). DIN 4049 (1979) definiert das Abflußverhältnis (a) als den Quotient aus Abflußhöhe (h_a in mm) und Niederschlagshöhe (h_N in mm):

$$a = \frac{h_a}{h_N}$$

(9)

Da das Abflußverhältnis von Niederschlagsintensität und -dauer, Bodennutzung, Vegetation und anderen Faktoren abhängig ist, ist a kein konstanter Gebietskennwert, sondern unterliegt sowohl saisonalen als auch langzeitigen Schwankungen. Für die vorliegende Untersuchung kann aufgrund des vorliegenden Datenmaterials nur das mittlere langzeitige Abflußverhältnis bestimmt werden. Die Abflußverhältnisse einzelner Einzugsgebiete liegen für Südafrika nicht vor. Daher müssen sie für die vorliegende Untersuchung ermittelt werden. Für ihre Berechnung ist zunächst die Ermittlung der Gebietsniederschlagshöhe notwendig.

46

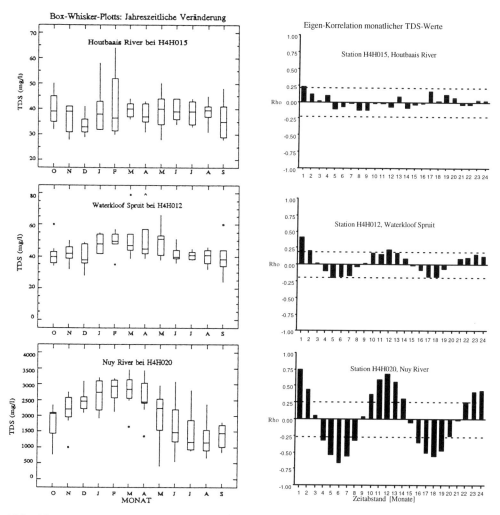

Abb. 15: Zwei Verfahren zur Identifizierung der Saisonalität und Beispiele von fehlender, schwacher und starker Saisonalität (von oben nach unten)

4.2.1 Ermittlung des Gebietsniederschlags

Die Gebietsniederschlagshöhe ist das Flächenmittel des Niederschlages über einem bestimmten Gebiet, gewöhnlich einem hydrologischen Einzugsgebiet, während eines Bezugszeitraumes. Da die Gebietsniederschlagshöhen nicht für südafrikanische Einzugsgebiete vorliegen, müssen sie hier ermittelt werden. Für die Bestimmung des Gebietsniederschlags der 52 Einzugsgebiete wurde ein verfeinertes Rasterpunktverfahren (BRETSCHNEIDER *et al.*, 1982) angewendet, da es

47

sich gut für die verfügbaren Eingabedaten eignet. Das Geo-Informationssystem (GIS) ARC/INFO (ESRI, 1990) wurde für die Bestimmung des Gebietsnieder- schlages herangezogen.

Wie in Abb. 16 schematisch für das Vink-Einzugsgebiet dargestellt ist, werden zunächst alle Einzugsgebietsgrenzen (vgl. Kap. 3.3) mit dem vorliegenden Raster mit zugeordneten mittleren Jahresniederschlägen (vgl. Kap. 2.3.1) verknüpft. Hierzu muß das vorhandene Raster, das in rechtwinkligen geographischen Koordinaten vorliegt, auf Gauss-Koordinaten, in denen die Einzugsgebietsgrenzen vorliegen, transformiert werden. Bei der Verknüpfung der den Rasterzellen zu- geordneten Niederschlagswerten mit den Einzugssebietsgrenzen mittels ARC/ INFO werden automatisch alle einem Einzugsgebiet zugehörigen Niederschlags- werte "herausgeschnitten" und alle beteiligten Zell- und Zellteilflächen berechnet. Anschließend werden die Flächenwerte mit den zugehörigen Niederschlagswerten multipliziert und das Ergebnis durch die Einzugsgebietsfläche dividiert. Als Ergeb- nis der Flächengewichtung und Mittelbildung liegt der langfristige Gebietsnieder- schlagswert für das jeweilige Einzugsgebiet vor.

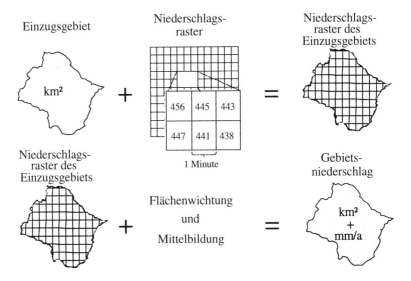

Abb. 16: Schema der Bestimmung des mittleren jährlichen Gebietsniederschlags

Tab. 13 listet die Gebietsniederschlagswerte (h_N) und alle relevanten Werte für alle 52 Einzugsgebiete auf. Da zahlreiche Vorfluter mit Vorflutern anderer Einzugs- gebiete (A_{TE}) zusammenfließen, sind zusätzlich die Gesamtflächen der zusammen- gefaßten Einzugsgebiete (Einzugsgebietsfläche A_E) sowie deren flächengewichteter Gebietsniederschlag (h_{NE}) aufgeführt.

4.2.2 Berechnung des Abflußverhältnisses

Nach Bestimmung der Gebietsniederschläge können unter Verwendung der vorliegenden mittleren jährlichen Abflüsse die Abflußverhältnisse berechnet werden. Mittlere jährliche Abflüsse (*MA*) und Abflußverhältnisse (*a*) sind in Tab. 13 aufgeführt.

Die in Tab. 13 aufgelisteten und für alle weiteren Berechnungen verwendeten Abflußdaten beruhen auf der Analyse aller verfügbaren monatlichen Abflußwerte im Zeitraum 1960 bis 1989. Es muß erwähnt werden, daß die mittleren jährlichen Abflußwerte aufgrund der relativ kurzen Meßperiode von häufig weniger als zehn Jahren und teilweise lückenhaften Datenreihen sowie z. T. erheblichen Unsicherheiten in den Scheitelwerten der Hydrographen unsicher bleiben. Dadurch verbleibt bei allen weiteren Berechnungen wie Gebietsniederschlag, Abflußbeiwert oder Stofffrachtberechnungen ein gewisses Maß an Unsicherheit. Ebenso muß bei weiteren Interpretationen berücksichtigt werden, daß der Gebietsniederschlag auf Niederschlagsmessungen der Periode 1960-1989 beruht, während die Abflußwerte weitgehend aus den achtziger Jahren stammen.

Die Einzugsgebiete wurden entsprechend ihrer Abflußbeiwerte klassifiziert (Abb. A10, Anhang). Die hohen Abflußbeiwerte von etwa 70%, die für die niederschlagsreichen und gebirgigen südwestlichen Einzugsgebieten nachgewiesen wurden, entsprechen den Abflußwerten der europäischen Alpen (BAUMGARTER & LIEBSCHER, 1990). Die extrem niedrigen Abflußbeiwerte lassen sich auf die nach Osten zunehmende Aridität und die generell niedrige Niederschlagsintensität (SCHMIDT & SCHULZE, 1987) zurückzuführen. Die Niederschlagsintensitäten im Untersuchungsgebiet gehören mit einem zweijährigen Wiederkehrintervall der zu erwartenden höchsten Tageswerte von 40 mm zu den niedrigsten in Südafrika.

4.3 Ermittlung des atmosphärischen Stoffeintrages

Die Abschätzung des natürlichen Stoffeintrages ist für eine spätere Beurteilung des anthropogenen Einflusses auf den Stoffhaushalt infolge des Bewässerungslandbaus wichtig. Dieser bedeutende Parameter kann durch die Verknüpfung von Gebietsniederschlag und Gehalt an gelösten Stoffen im Niederschlag ermittelt werden.

4.3.1 Schätzung der nassen atmosphärischen Deposition

Da die Frontalsysteme vorwiegend über dem Atlantik entstehen und sich ostwärts über das Einzugsgebiet des Breede River bewegen, bleiben die Niederschläge generell unbeeinflußt von anthropogener Verschmutzung (Van WYK, 1988). Weil keine flächendeckenden Daten zum atmosphärischen Eintrag zur Verfügung stehen,

Tab. 13: Gebietsniederschlag und Abflußverhältnis

Einzugs-gebiet	h_N in mm a^{-1}	h_{Nmin} in mm a^{-1}	h_{Nmax} in mm a^{-1}	A_{TE} in km^2	A_E in km^2	h_{NG} in mm a^{-1}	h_{MA} in mm a^{-1}	a in %	v in %	N_G
H1H003	623.6	296	1717	561.7	642.9	677.7	104	15.3	84.7	246
H1H006	1082.4	528	2239	100.1	743.0	732.2	254	34.7	65.3	61
H1H007	1610.2	719	3127	80.0	80.0	1610.2	1124	69.8	30.2	56
H1H012	1175.9	538	2912	95.2	150.7	1308.2	949	72.5	27.5	52
H1H013	969.0	815	1207	2.8	52.1	982.2	418	42.6	57.4	3
H1H014	1163.6	643	1826	18.2	18.2	1163.6				15
H1H015	968.1	213	3139	777.8	1956.6	989.0	-	-	-	348
H1H016	1199.5	800	1717	10.9	10.9	1199.5	339	28.3	71.7	11
H1H017	1776.2	1002	3134	60.8	60.8	1776.2	882	49.7	50.3	38
H1H018	1511.7	933	3127	51.6	112.4	1654.8	1148	69.4	30.6	28
H1H019	1282.7	609	2674	78.4	78.4	1282.7	-	-	-	42
H1H020	1370.4	685	2776	14.3	14.3	1370.4	254	18.5	81.5	14
H1H028	506.5	302	1292	75.1	75.1	506.5	-	-	-	43
H1H031	1535.1	675	2912	55.5	55.5	1535.1	-	-	-	36
H1H032	983.0	629	1500	49.3	49.3	983.0	-	-	-	36
H2H001	729.3	91	2776	511.9	702.9	740.1	125	16.9	83.1	235
H2H003	475.4	290	928	23.3	726.2	731.6	151	20.6	79.4	17
H2H004	744.0	313	1649	39.8	175.6	750.8	169	22.5	77.5	25
H2H005	977.5	409	1652	15.4	15.4	977.5	393	40.2	59.8	17
H2H009	1120.7	754	1925	8.2	8.2	1120.7	411	36.7	63.3	9
H2H010	474.4	213	2246	72.9	799.1	708.1	-	-	-	46
H2H015	835.9	313	1652	53.0	135.8	752.8	88	11.6	88.4	34
H2H016	653.4	407	1483	74.6	82.8	699.7	37	5.2	94.8	44
H3H004	717.7	94	1423	13.8	13.8	717.7	55	7.7	92.3	12
H3H005	534.1	80	1244	63.1	76.9	567.0	7	1.2	98.8	36
H3H009	804.9	376	1695	13.7	13.7	804.9	-	-	-	15
H3H011	429.2	104	1695	909.0	1207.6	457.4	9	2.0	98.0	388
H3H013	561.2	271	1519	90.9	90.9	561.2	54	9.5	90.5	47
H3H015	483.2	94	1858	117.1	117.1	483.2	57	11.8	88.2	61
H4H005	626.1	192	1158	23.7	23.7	626.1	232	37.1	62.9	17
H4H006	422.5	183	2246	118.5	2949.3	875.8	203	23.2	76.8	72
H4H007	759.7	254	1858	43.8	43.8	759.7	7	0.9	99.1	27
H4H008	473.4	254	1042	61.5	105.3	592.5	4	0.7	99.3	40
H4H009	791.3	285	1454	19.4	19.4	791.3	127	16.1	83.9	17
H4H011	300.8	207	436	99.3	270.9	636.4	-	-	-	52
H4H012	877.2	430	1407	14.8	14.8	877.2	55	6.3	93.7	14
H4H013	768.9	290	2118	103.8	103.8	768.9	-	-	-	58
H4H014	452.0	172	1741	349.5	4139.2	770.4	179	23.2	76.8	171
H4H015	745.3	293	1386	25.4	25.4	745.3	217	29.1	70.9	21
H4H016	400.9	236	1031	72.3	117.1	540.3	46	8.5	91.5	48
H4H017	276.0	172	441	155.7	4294.9	752.5	215	28.6	71.4	78
H4H018	506.6	252	1233	213.9	228.7	530.6	21	4.0	96.0	98
H4H019	445.0	166	1575	202.2	202.2	445.0	9	2.0	98.0	100
H4H020	281.2	256	312	2.2	600.5	511.7	-	-	-	6
H4H022	533.8	255	1637	62.6	62.6	533.8	-	-	-	36
H4H023	339.0	139	1439	205.6	598.3	512.5	-	-	-	99
H4H024	322.8	212	456	139.1	4662.7	728.8	-	-	-	79
H4H032	507.4	306	1658	54.5	54.5	507.4	-	-	-	35
H4H033	605.3	116	2473	287.4	392.7	603.4	17	2.7	97.3	141
H4H034	601.5	220	1637	73.5	177.3	699.5	-	-	-	43
H5H004	381.2	189	1244	332.1	609.2	635.6	137	21.5	78.5	162

h_N = flächengewichteter Gebietsniederschlagswert, h_{Nmin} = minimaler und h_{Nmax} = maximaler vorkommenden Niederschlagswert des Einzugsgebietes, h_{NG} = Gebietsniederschlagswert zusammengefaßter Einzugsgebiete, h_{MA} = mittlere jährliche Abflußhöhe der Einzugsgebiete, a = Abflußverhältnis, v = Verdunstungsverhältnis, N_G = Anzahl der beteiligten Gitterwerte innerhalb eines einzelnen Einzugsgebietes

muß auf Stichproben von Niederschlagssammlern und die Interpolation der ermittelten Werte zurückgegriffen werden. Eine Übertragung der von den Niederschlagssammlern erhobenen Inhaltswerte auf das gesamte Untersuchungsgebiet wird aufgrund der generell niedrigen Stoffgehalte und dem Fehlen zusätzlicher Luftbelastung durch Industriebetriebe als zulässig betrachtet.

In zwei meteorologischen Stationen wurden mittels Niederschlagssammlern die atmosphärische Deposition als Summe von trockener und nasser Deposition gemessen (Tab. 14). Van Wyk (1988) gibt für die Station Zachariashoek einen gemittelten Stoffgehaltswert der Niederschlagsproben von 15.2 mg l^{-1} an. Da der mittlere trockene Anteil der gesammelten atmosphärischen Deposition für diese Station mit 8 % angegeben wird (Van WYK, 1988), berechnet sich die gemittelte Masse an nasser Deposition auf 14 mg l^{-1}. Für Robertson ergibt sich ein Mittelwert aller vorliegenden 132 Niederschlagsproben von 34 mg l^{-1}. Der Anteil der trockenen Deposition dieser Station wird mit 75-80% angegeben (BOSMAN, 1992). Dieser hohe Betrag ist auf das aride Klima des Breede Tales sowie den hohen Anteil an ungepflasterten Straßen mit entsprechend starkem Staubaufkommen zurückzuführen.

Tab. 14: Kenndaten der Niederschlagssammler

Station	Zachariashoek	Robertson
Lage	Gebirge	Breede Tal
Entfernung zum Meer	50 km	130 km
mittlerer Niederschlag	1238 mm a^{-1}	278 mm a^{-1}
Meßperiode	1971 - 1986	Apr. 1987 - Dez. 1988
Anzahl der Proben	ca. 600	132
TDS d. Niederschlags (naß + trocken)	15.2 mg l^{-1}	34.1 mg l^{-1}
Anteil der trockenen Deposition	8 %	70 %
TDS d. Niederschlags (naß)	14 mg l^{-1}	10 mg l^{-1}

4.3.2 Bestimmung des Stoffeintrages

Die Verwertung der beschriebenen Daten für die Bestimmmung des mittleren Stoffeintrages erfolgt unter nachstehenden Annahmen:

- beide Meßstationen messen Niederschläge, die repräsentativ hinsichtlich der Entfernung zum Meer, Niederschlagsdauer- und intensität sowie ihrer chemischer Zusammensetzung sind,
- der Stoffgehalt nimmt ostwärts (landeinwärts) ab, d. h., daß eine Interpolation des mittleren Salzgehaltes zwischen beiden Stationen durchführbar ist,
- trockene Deposition (Staub) entstammt dem jeweiligen Einzugsgebiet bzw. ihr Eintrag und Austrag halten sich im Gleichgewicht; sie stellt somit keinen

Eintrag im eigentlichen Sinn dar und kann vernachlässigt werden (WALLING, 1980; CRYER, 1986), und

- zeitlich bedingte Unterschiede des Niederschlagschemismus infolge der vorherrschenden Jahreszeit, Niederschlagsdauer sowie die Zeitspanne zwischen Niederschlagsereignissen gleichen sich auf längere Sicht aus.

Da eine Abnahme der nassen Deposition mit Küstenferne angenommen wird (MEYBECK, 1983), läßt sich das Untersuchungsgebiet unter Einbeziehung der Hauptwindrichtung (Ostwind) und den orographischen Barrieren in sechs Zonen gleichen Stoffeintrags untergliedern. Der geschätzte Stoffeintrag reicht von 14 mg l^{-1} in den westlichen Gebirgslagen bis 9 mg l^{-1} in den östlichen, leeseitigen Regionen (Abb. 17). Somit schwankt der jährliche Eintrag nasser Deposition von ca. 250 kg ha^{-1} in den niederschlagsreichen, relativ küstennahen Gebirgslagen bis unter 50 kg ha^{-1} in den niederschlagsarmen, relativ küstenfernen östlichen Tallagen des Breede Rivers. Um die räumliche Verteilung des Stoffeintrages zu verdeutlichen, wurden die Stoffeintragswerte aus Tab. 15 klassifiziert und in Abb. A11 (Anhang) dargestellt.

Für die Ermittlung des atmosphärischen Anteils an gelösten Stoffen in Vorflutern müssen die atmosphärischen Eintragswerte der Einzugsgebiete entsprechend dem hydrologischen System des Untersuchungsgebietes zu Eintragswerten von Einzugsgebieten zusammengefaßt werden. Hierzu ist eine Wichtung der einzelnen Stoffeintragswerte hinsichtlich der Niederschlagshöhe und der Einzugsgebietsgröße notwendig:

$$C_{Nw} = \frac{\sum (h_N \cdot A_E \cdot C_N)}{\sum (h_N \cdot A_E)} \tag{10}$$

mit C_{Nw} = Mittel des Gehalts an gelösten Stoffen, gewogen nach Niederschlagshöhe und Einzugsgebietsgröße

Die Ergebnisse der Gewichtung sind in Tab. 15 zusammengestellt.

4.4 Berechnung der Salzkonzentration infolge Verdunstung

Das Abflußverhältnis gibt indirekt Aufschluß über die aktuelle Evaporation, da gemäß der Normierung der statischen Wasserbilanz (Gl. 1) auf den Niederschlag und Vernachlässigung der Vorratsänderungen über lange Zeiträume folgende Gleichung gilt (BAUMGARTNER & LIEBSCHER, 1990):

$$\frac{E}{N} + \frac{A}{N} = 1 \quad bzw. \quad \frac{E}{N} = 1 - \frac{A}{N} \tag{11}$$

Nach Abschätzung der aktuellen Evapotranspiration läßt sich die Konzentration der mit den Niederschlägen eingetragenen Stoffe infolge Verdunstung in ihrer Größenordnung bestimmen. Der atmosphärische Anteil des Gehalts an gelösten Stoffen in Vorflutern (C_{Va} in mg l^{-1}) berechnet sich aus dem Produkt des Salzgehaltes der Niederschläge (C_N in mg l^{-1}) mit dem Quotienten aus Niederschlagshöhe und Abflußhöhe:

$$C_{Va} \; = \; C_N \; \cdot \; \frac{h_N}{h_A} \tag{12}$$

Diese Gleichung liegt bereits in abgeänderter Form (ANDERSON, 1941) in Kap. 1.5.2 vor. Um einen Vergleich des theoretischen Stoffgehalts mit gemessenen Stoffgehalten zu ermöglichen, müssen die einzelnen Stoffgehalte mit dem zur Probenahme fließenden Abfluß gewogen werden.

4.4.1 Berechnung des abflußgewogenen Mittels des Stoffgehalts in Vorflutern

Für die Zusammenfassung der Datenreihen des Salzgehaltes wurden bisher die statistischen Lageparameter arithmetisches Mittel und Median verwendet. Für die Berechnung von Stoffhaushalten und dem Vergleich von Stoffeintrag mit Stoffaustrag ist die Benutzung dieser Lageparameter jedoch wenig sinnvoll, da der Salzgehalt häufig in Abhängigkeit zum Abfluß schwankt. Daher ist hierfür die abflußgewogene Stoffkonzentration (C_{Sw}) heranzuziehen. Sie berechnet sich nach SANDERS (1983) für alle Stichproben eines gegebenen Monats nach:

$$C_{Sw} \; = \; \frac{\Sigma \, (\, C_V \cdot Q \,)}{\Sigma \, Q} \tag{13}$$

Da während eines Abflußereignisses die Stoffkonzentration zwar am geringsten ist, die Stofffracht jedoch am größten ist (KIENZLE & FLÜGEL, 1989), ist das abflußgewogene Mittel der Stoffkonzentration generell niedriger als das arithmetische Mittel. Bei Vorflutern, die ein Abflußregime vorweisen, bei dem während einiger weniger Abflußereignisse ein bedeutender Anteil des jährlichen Abflusses bei gleichzeitiger starker Verdünnung des Vorfluters stattfindet, kann die abflußgewogene Stoffkonzentration um bis zu 25 % unter dem arithmetischen Mittel liegen. Bei der Berechnung des abflußgewogenen Mittels ist es von Bedeutung, ob wöchentliche oder tägliche Probenahme zugrundegelegt wird. Ein Vergleich beider Methoden, durchgeführt an fünf Stationen, hebt hervor, daß das abflußgewogene monatliche Mittel der TDS-Werte bei wöchentlicher Probennahme in allen Fällen unterschätzt wird. Aus diesem Grund wurde nur für die fünf Stationen die abflußgewogenen Mittel verwendet, für die sowohl tägliche Salzdaten als auch Abflußdaten vorliegen. Diese Stationen sind in Tab. 15 gekennzeichnet. In Tab. 15 sind arithmetisches und abflußgewogenes Mittel vergleichend dargestellt.

Tab. 15: Gehalt an gelösten Stoffen im Niederschlag (C_N bzw. C_{Nw}) sowie Stoffeintrag (E_S), theoretischer Salzgehalt der Vorfluter infolge nasser atmosphärischer Deposition (C_{Va}) und Vergleich des theoretischen Wertes mit dem arithmetischen Mittel des Gehalts an gelösten Stoffen (C_S) bzw. mit dem abflußgewogenen Mittel (C_{Sw})

Einzugs-gebiet	h_{NG} in mm a^{-1}	C_N in mg l^{-1}	E_S in kg ha^{-1}a^{-1}	C_{nw} in mg l^{-1}	C_{va} in mg l^{-1}	C_S in mg l^{-1}	C_{Sw}** in mg l^{-1}	C_{Va}:C_{Sw} in %
H1H003	677.7	13	88	13.00	85	114	-	75
H1H006	732.2	13	95	13.00	37	65	-	57
H1H007	1610.2	14	225	13.43	19	25	-	76
H1H012	1308 2	13	170	13.00	18	29	-	62
H1H013	982.2	13	128	13.00	31	32	-	97
H1H014	1163.6	13	151	13.00	-	70	-	-
H1H015	989.0	13	129	13.00	-	**61**	-	-
H1H016	1199.5	13	156	13.00	46	24	-	192
H1H017	1776.2	14	249	14.00	28	24	-	117
H1H018	1654.8	14	232	14.00	20	26	-	77
H1H019	1282.7	13	167	13.00	-	42	-	-
H1H020	1370.4	13	178	13.00	70	25	-	280
H1H028	506.5	12	61	12.00	-	**45**	-	-
H1H031	1535.1	14	215	14.00	-	23	-	-
H1H032	983.0	13	128	13.00	-	32	-	-
H2H001	740.1	12	89	12.00	71	70	-	101
H2H003	731.6	12	88	12.00	58	101	-	57
H2H004	750.8	12	90	12.00	53	27	-	196
H2H005	977.5	12	117	12.00	30	23	-	130
H2H009	1120.7	12	134	12.00	33	21	-	157
H2H010	708.1	12	85	12.00	-	**2117**	-	-
H2H015	752.8	12	90	12.00	103	38	-	271
H2H016	699.7	12	84	12.00	227	79	-	287
H3H004	717.7	10	72	10.00	130	130	-	100
H3H005	567.0	9	51	9.23	748	1304	-	57
H3H009	804.9	9	72	9.00	-	250	-	-
H3H011	457.4	9	41	9.12	463	**1963**	1884	25
H3H013	561.2	9	51	9.00	95	329	-	29
H3H015	483.2	10	48	10.00	85	794	-	11
H4H005	626.1	10	63	10.00	27	77	-	35
H4H006	875.8	12	105	12.88	56	62	-	90
H4H007	759.7	11	84	11.00	1194	1371	-	87
H4H008	592.5	11	65	11.00	1629	1519	-	107
H4H009	791.3	10	79	10.00	62	38	-	163
H4H011	636.4	10	64	10.00	-	2939	-	-
H4H012	877.2	11	96	11.00	175	45	-	389
H4H013	768.9	12	92	12.00	-	298	-	-
H4H014	770.4	12	92	12.61	54	120	-	45
H4H015	745.3	10	75	10.00	34	39	-	87
H4H016	540.3	10	54	10.00	117	1554	-	8
H4H017	752.5	11	83	12.59	44	**129**	111	40
H4H018	530.6	11	58	11.00	278	**2233**	1997	14
H4H019	445.0	11	49	11.00	544	**1553**	1445	38
H4H020	511.7	12	61	12.00	-	**2045**	-	-
H4H022	533.8	12	64	12.00	-	**65**	-	-
H4H023	512.5	11	56	11.00	-	1923	-	-
H4H024	728.8	11	80	11.00	-	**149**	-	-
H4H032	507.4	10	51	10.00	-	-	-	-
H4H033	603.4	11	66	11.00	390	134	-	291
H4H034	699.5	12	84	12.00	-	203	-	-
H5H004	635.6	10	64	11.89	55	**421**	338	16

Stationen mit täglicher Probennahme sind **fett** gedruckt   ** Stationen mit täglicher Probennahme und Abflußdaten

54

Für die Berechnung des theoretischen Anteils der Stoffkonzentration der Vorfluter infolge nasser atmosphärischer Deposition und anschließender Konzentration durch Evapotranspiration wurde, soweit vorliegend, die abflußgewogene mittlere Stoffkonzentration herangezogen.

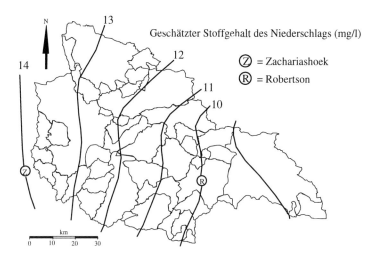

Abb. 17: Angenommene west-östliche Abnahme des Salzgehaltes des Niederschlags

Ebenso wie für Vorfluter gilt für Niederschläge, daß mit steigender Intensität und Dauer die Konzentration an gelösten Inhaltsstoffen abnimmt (CRYER, 1986). Somit ist es auch für die korrekte Berechnung des mittleren Stoffgehaltes notwendig, die Stoffkonzentration mit den jeweiligen Niederschlagshöhe zu gewichten. Diese wichtige Berechnung ist jedoch aufgrund der fehlenden Daten nicht durchführbar. Die Verwendung des arithmetischen Mittels anstelle des niederschlagsgewogenen Mittels hat zur Folge, daß die Stoffkonzentrationen und somit die Eintragswerte überschätzt werden. Insbesondere in Regionen mit vorwiegend langanhaltenden, konvektiven Niederschlägen, wie sie im Untersuchungsgebiet auftreten, ist ein gewisser systematischer Fehler zu erwarten. Zu welchem Grad diese Überschätzung stattfindet, bleibt bei der vorliegenden Datengrundlage spekulativ.

Die Interpretation der vorliegenden Stoffeintragswerte und ihr Anteil an der Stoffkonzentration der Vorfluter läßt sich sie folgt zusammenfassen:

- systematische Fehler führen zu einer vermuteten Überschätzung der Stoffeintragswerte in einer Größenordnung von etwa 20 %,
- der Anteil an atmosphärisch eingetragenen Stoffen, der aus dem Untersuchungsgebiet transportiert wird, beträgt 16 %, bzw. unter Berücksichtigung eines geschätzten Überschätzungsfehlers von 20 % mindestens 13 %,

- der Anteil an atmosphärisch eingetragenen gegenüber den ausgetragenen Stoffen ist in Einzugsgebieten mit hohen Niederschlägen mit 37 bis über 100 % deutlich höher als in Einzugsgebieten mit niedrigen Jahresniederschlägen,
- Stoffeintragswerte von über 100% sind möglich, weil Pflanzen einen Teil der eingetragenen Nährstoffe aufnehmen können und, wie für die im Untersuchungsgebiet dominierende *Fynbos*vegetation (einem eigenständigen, nur im Kapland vorkommenden Biom) üblich, nach regelmäßig auftretenden Feuern wieder ausgewaschen werden (Van WYK, 1982); darüber hinaus können Stoffverluste durch Staubverwehungen oder die Anreicherung von Salzen im Oberboden entstehen; Grundwassereinzugsgebiete stimmen nicht notwendigerweise mit Oberflächenabflußgebieten überein, so daß ein gewisser Anteil des Salzaustrages durch das Grundwasser in benachbarte Teilgebiete unberücksichtigt bleibt,
- in den ariden Einzugsgebieten ist trotz erhöhter Stoffkonzentration der Vorfluter der Anteil an atmosphärischer Deposition z. T. deutlich geringer; dies ist ein Hinweis auf zusätzliche Stoffeintragsquellen,
- insbesondere in Einzugsgebieten, die einen hohen Flächenanteil an Bewässerungswirtschaft aufweisen (H3H011, H4H016, H4H018, H4H019), ist der Anteil an atmosphärischem Stoffeintrag auffallend gering; dies zeigt die Bedeutung der Bewässerungswirtschaft als zusätzliche Salzeintragsquelle auf.
- Eine lineare Regression des ausschließlich durch nassen atmosphärischen Eintrag und anschließende Evapokonzentration implizierten Salzgehaltes der Vorfluter mit dem tatsächlich auftretenden Salzgehalt ergibt, basierend auf Werten von 35 Einzugsgebieten, ein Bestimmtheitsmaß von 61%. Die Einzelwerte sind in Abb. 18 graphisch dargestellt. Hieraus folgt, daß die räumlichen Unterschiede des mittleren Salzgehaltes von Vorflutern im Untersuchungsgebiet zu 61% vom atmosphärischen Eintrag und Evapokonzentration abhängig sind. Andere physisch-geographische Faktoren wie Geologie, Böden oder Landnutzung haben regional nur einen untergeordneten Einfluß auf den Salzgehalt der Vorfluter.

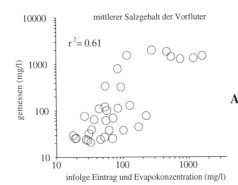

Abb. 18: Korrelation zwischen dem Salzgehalt der Vorfluter infolge atmosphärischen Eintrags und Evapokonzentration und dem gemessenen Salzgehalt

4.5 Verknüpfung der Salzdaten mit Abflußdaten

Neben dem Stoffeintrag durch nasse Deposition ist die Stoffkonzentration in natürlichen Vorflutern davon abhängig, zu welchen Anteilen die verschiedenen Abflußkomponenten (Oberflächen-, Zwischen- und Grundwasserabfluß) zum jeweiligen Gesamtabfluß beitragen. Es ist bekannt, daß die Veränderungen der Stoffkonzentration eines Vorfluters von Änderungen während eines Abfluß-ereignisses beeinflußt werden (HEM, 1985; WALLING & WEBB, 1986; FLÜGEL & KIENZLE, 1989). Neben den räumlichen Unterschieden der Stoffkonzentra-tionen, wie sie bisher erarbeitet wurden, wird im folgenden die zeitliche Kom-ponente untersucht. Das Verhältnis zwischen Abfluß und zugeordneter Stoffkon-zentration gibt Aufschluß über den Beitrag der verschiedenen Abflußkomponenten und das Abflußregime. Hierfür werden folgende Untersuchungen durchgeführt:

- Ermittlung der Abfluß-Stoffkonzentration-Beziehung,
- Feststellung und Deutung des Hysterese-Phänomens,
- Untersuchung einzelner Abflußereignisse auf die Salzdynamik,
- Separation ausgewählter Hydrographen in die Abflußkomponenten mittels zugeordneten Stoffkonzentrationen.

4.5.1 Die Salzgehalt-Abfluß-Beziehung

Die Abfluß-Salzgehalt-Beziehung kann mittels unterschiedlicher statistischer Verfahren ermittelt werden. Dabei werden je nach Verteilungsfunktion der beteiligten Variablen die Basisdaten transformiert und eine lineare, exponentielle oder polynomische Regression hergestellt. WALLING & WEBB (1986) stellten fest, daß gewöhnlich die Beziehungen durch eine logarithmische Transformation und exponentielle Regression erstellt werden. Da die Stichproben der vorliegenden Abflußdaten überwiegend der Log-Normalverteilung (KIENZLE, 1990) und die Salzgehaltdaten am ehesten der Normalverteilung entsprechen, werden für die Erstellung der Beziehung nur die Abflußdaten log-transformiert. Für die Be-schreibung der Log-Abfluß-Salzgehalt-Beziehung wurden sowohl lineare als auch exponentielle und polynomische Regressionsmodelle aufgestellt. Deren Ver-wendung ergab keine signifikante Verbesserung des Bestimmtheitsmaßes. Darüber hinaus weisen die Regressionskurven eine Form auf, die häufig in keiner Weise der Kurve der vorliegenden Wertepaare entspricht. Daher werden im folgenden die Salzgehaltswerte den logarithmierten Abflußwerten gegenübergestellt.

Die Abfluß-Salzgehalt-Beziehung konnte für 34 Stationen untersucht werden. Es zeigte sich, daß fünf verschiedene Beziehungstypen vertreten sind. Diese fünf verschiedenen Gruppen (Abb. 19) treten unterschiedlich häufig auf (Tab. 16). In Abb. 19 sind links die charakteristischen Typen dargestellt und rechts Beispiele der entsprechenden Gruppen wiedergegeben. Die fünf Beziehungstypen zwischen Abfluß und Stoffkonzentration unterscheiden sich durch folgende Merkmale:

Typ A: Bei diesem Typ existiert eine enge Beziehung, die durch eine niedrige Salzkonzentration während hoher Abflüsse und eine hohe Salzkonzentration bei Basisabflußbedingungen gekennzeichnet ist. Dieser Effekt läßt sich durch Verdünnung eines salzreichen Basisabflusses mit salzarmen Niederschlagswasser erklären und ist nur in Flüssen mit sehr hohen Salzkonzentrationen über 1000 mg l^{-1} vertreten (Abb. 19). Nur bei dieser Gruppe ist die Salzkonzentration hauptsächlich vom Abfluß abhängig. Diese enge Beziehung wurde von zahlreichen Autoren beschrieben (GIBBS, 1970; AL-JABBARI *et al.*, 1983; WALLING & WEBB, 1986) und wurde insbesondere in ariden Gebieten festgestellt (AL-JABBARI *et al.*, 1983).

Typ B: Dieser Typ beschreibt eine Beziehung, die weniger ausgeprägt ist als Typ A, jedoch die gleichen Charakteristika aufweist: höherer Salzgehalt bei Basisabfluß und niedrigerer Salzgehalt bei einem Anflußereignis infolge Verdünnung. In dieser Gruppe treten deutlich niedrigere Bestimmtheitsmaße auf als in Gruppe A; er ist ein Übergangstyp, der zwischen Typen A und C angesiedelt ist.

Typ C: Hier liegt keine klare Beziehung vor. Niedrige wie auch hohe Salzgehaltswerte werden bei wechselnden Abflußbedingungen beobachtet. Dieses Verhalten wird jedoch nur bei Stationen mit einem Median des Salzgehaltes bis höchstens 100 mg l^{-1} festgestellt (Abb. 20). Bei dieser Gruppe ist der Salzgehalt neben dem Abflußbedingungen auch von anderen Faktoren entscheidend geprägt, wie zum Beispiel unterschiedliche Salzquellen innerhalb desselben Einzugsgebietes, wie von TROAKE & WALLING (1973) vorgeschlagen wird, oder unterschiedliche Abflußregime, wie sie in stark bewässerten Gebieten auftreten können. Dieser Typus wurde auch von COLLINS (1979, zitiert bei WALLING & WEBB, 1986) für einen Schweizer Gebirgsfluß beschrieben.

Typ D: Dieser Typus charakterisiert eine fehlende Beziehung, bei der eine relativ starke Schwankung der Salzkonzentration bei geringen Abflußschwankungen registriert wird. Dieser Typ tritt nur bei einem Nebenfluß relativ deutlich hervor. Verdünnungseffekte spielen eine nebensächliche Rolle. Für das Verhalten dieses Typ sind wahrscheinlich verschiedene Abflußregime und irrigation return flow verantwortlich.

Typ E: Bei diesem Typ liegt keine Beziehung vor. Der Salzgehalt bleibt auch bei starken Abflußereignissen konstant. Dieser Typ ist ausschließlich in Flüssen mit sehr niedrigen Salzgehalten mit einem Median von maximal 34 mg l^{-1} (Abb. 20), wie sie in den Gebirgsregionen mit Sandstein und Quarziten auftreten, anzutreffen. Zum Beispiel der Dane's Brook Fluß in England entspricht nach WALLING & WEBB (1986) diesem Typus.

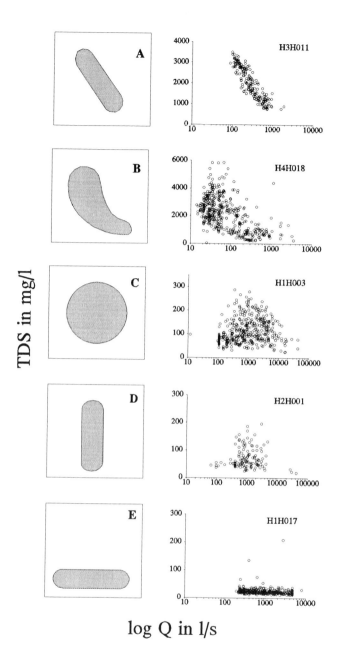

Abb. 19: Fünf charakteristische Salzgehalt-Abfluß-Beziehungen

Tab. 16: Salzgehalt-Abfluß-Beziehungs-Typus und Bestimmtsheitsmaß

Einzugs-gebiet	Salzgehalt-Abfluß-Beziehungs-Typus	Bestimmtheitsmaß (%)	Medianwert des Salzgehaltes (mg l^{-1})
H1H003	C	3.1	99
H1H007	E	0.7	23
H1H013	C	4.2	31
H1H014	E	0.0	31
H1H016	E	6.6	22
H1H017	E	0.1	22
H1H018	C	4.9	25
H1H020	E	1.2	23
H2H001	D	0.0	55
H2H003	C	2.6	94
H2H004	E	3.9	25
H2H005	E	6.0	22
H3H011	A	81.9	1846
H4H005	C	0.0	75
H4H006	C	5.4	54
H4H007	A	59.5	1509
H4H008	A	26.7	1519
H4H009	E	0.6	34
H4H012	C	12.2	44
H4H014	B	7.5	108
H4H015	C	2.4	39
H4H016	B	56.0	1455
H4H017	B	24.6	116
H4H018	B	31.0	2325
H4H019	B	30.1	1739
H5H004	B	63.0	376

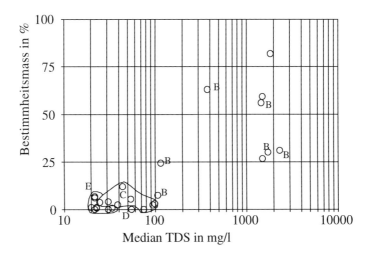

Abb. 20: Abhängigkeit der Salzgehalt-Abfluß-Beziehung vom Median des Salz-gehaltes

In Tab. 16 sind 26 Stationen mit ihrem Salzgehalt-Abfluß-Beziehungstyp und zuge-ordneten Bestimmtheitsmaßen aufgeführt. Abb. 20 verdeutlicht die Abhängigkeit der Salzgehalt-Abfluß-Beziehung vom Medianwert des Salzgehaltes. Es wird deutlich, daß bei zunehmendem Salzgehalt der Flüsse die Salzgehalt-Abfluß-Be-ziehung enger wird. Dies läßt sich durch den erhöhten Verdünnungseffekt bei Ab-flußereignissen erklären. Außerdem demonstriert Abb. 20 die Gruppierung der verschiedenen Beziehungstypen.

4.5.2 Feststellung und Deutung des Hysterese-Phänomens

Neben der Salzgehalt-Abfluß-Beziehung eröffnen die Untersuchungen der Verän-derung des Salzgehaltes in Abhängigkeit der Jahreszeiten und während eines Abflußereignisses Einsichten in die Salzdynamik. Gewöhnlich ist der Salzgehalt beim Durchgang eines Hydrographen während des steigenden Astes höher als während des abfallenden Astes (WALLING & WEBB, 1986). Dieses Verhalten wurde auch in Nebenflüssen des Breede River während der winterlichen Regenzeit beobachtet. Diese Dynamik wird durch das Auswaschen von löslichen Stoffen hervorgerufen, die sich vor einem Niederschlagsereignis infolge natürlicher Verwitterung oder landwirtschaftlicher Tätigkeit im Boden, auf der Oberfläche oder im Flußbett akkumuliert haben. Diese Stoffe werden zu Beginn eines Abflußereignisses mit dem Zwischen- und Oberflächenabfluß in den Vorfluter transportiert.

Beim Durchgang eines Hydrographen kann festgestellt werden, daß sich der Salzgehalt derselben Abflußhöhe am steigenden Ast des Hydrographen deutlich vom Salzgehalt des abfallenden Astes unterscheidet (vgl. Abb. 22). Stellt man die Wertepaare in einem Diagramm dar, so wird die zeitliche Veränderung der Salzgehalt-Abflußbeziehung in Form einer Hystereseschleife deutlich.

4.5.2.1 Hystereseschleifen einzelner Abflußereignisse

Im folgenden werden eine Anzahl von Abflußereignissen, die sich in verschiedenen Flüssen zu unterschiedlichen Jahreszeiten ereignet haben, untersucht und Gemeinsamkeiten sowie Unterschiede herausgearbeitet.

Abb. 21 zeigt zwei Beispiele, in denen die Salzkonzentration des ansteigenden und des absteigenden Hydrographenastes nahezu identisch sind. In Fall A findet eine lineare Verdünnung des Salzgehaltes beim Durchgang durch des Hydrographen statt. Der Verdünnungseffekt des ansteigenden Astes des Hydrographen und der Salzanreicherungseffekt beim absteigenden Ast sind gleichwertig. Die Verdünnung des Vorfluters ist selten so gradlinig. Sie läßt sich dadurch erklären, daß infolge eines Niederschlagsereignisses salzarmes Oberflächenwasser den salzreichen Basisabfluß verdünnt. Da dieses Ereignis Ende Oktober stattfand, also zum Ende der Regenzeit, wenn die in der Trockenzeit angereicherten bzw. gelösten Bodensalze bereits weitgehend ausgewaschen sind und der Zwischenabfluß dementsprechend salzarm ist, findet ein linearer Anstieg des Salzgehaltes infolge abnehmender Verdünnung beim absteigenden Ast des Hydrographen statt. Beispiel B in Abb. 21 folgt einem ähnlichen Prinzip. Nur ist hier der Abfluß erheblich höher und folgt nur wenige Tage nach einem vorangegangenen Hochwasserereignis. In beiden Fällen ist der Salzgehalt nur vom Salzgehalt des Basisabfluß und vom Salzgehalt des Oberflächenwassers abhängig und unterliegt einer einfachen Dynamik.

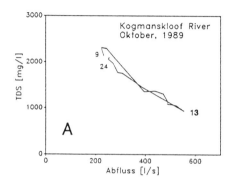 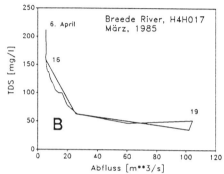

Abb. 21: Beispiele gleichbleibender Veränderung des Salzgehaltes beim Durchgang eines Hydrographen

Diese einfache Dynamik stellt jedoch eine Ausnahme dar. Im Regelfall unterliegt die Veränderung des Salzgehaltes beim Durchgang eines Hydrographen aufgrund der zeitlich unterschiedlichen Anteile der beteiligten Abflußkomponenten einer eher komplexen Dynamik (PINDER & JOHNES, 1969; JOHNSON & EAST, 1981), wie in Abb. 22 beispielhaft dargestellt ist. Folgende Aussagen lassen sich aus den dargestellten Hystereseschleifen ableiten:

- Gleichartige Hystereseschleifen deuten auf gleichwertige Anteile der Abflußkomponenten hin. Wenn der Salzgehalt bei Basisabflußbedingungen sehr hoch ist (A, B, D), kann ein Niederschlagsereignis eine plötzliche und starke Verdünnung des Flußwassers hervorrufen. Diese Verdünnung ist bei einem größeren Abflußereignis (A) stärker als bei einem kleinem (B). Außerdem verlängert sich die Phase bis zur Erlangung des sogenannten *Salzplateauwertes*, dem unter Basisabflußbedingungen herrschenden höchsten und längerfristig anhaltenden Salzgehalt, mit zunehmendem Abflußscheitel.
- Umgekehrt werden trotz ähnlich starken Abflüssen bei derselben Jahreszeit und demselben Vorfluter abweichende Hystereseschleifen hervorgerufen (C und D). Die Ursache hierfür kann im unterschiedlichen Ausmaß und Position

62

des verursachenden Niederschlagsgebietes innerhalb des Einzugsgebietes liegen.

- Der Kogmanskloof River hat zu allen Jahreszeiten einen Salzgehalt von mindestens 1000 mg l⁻¹. Wenn mehrere Abflußereignisse in kurzer Folge auftreten (E), findet eine starke Verdünnung während des Durchgangs des ersten Hydrographen statt (7. bis 20. Juni). Bei folgenden Hydrographen wird diese Verdünnungseffekt zunehmend schwächer. Dies ist eine Folge des sogenannten *first flush* Effektes, bei dem das erste Niederschlagsereignis nach einer Trockenperiode den größten Auswaschungseffekt hat.

- Hystereseschleifen im Uhrzeigersinn (A bis D) deuten auf einen hohen Anteil von Zwischenabfluß während des ansteigenden Hydrographenastes hin (JOHNSON & EAST, 1981). Dies deutet auf eine gute hydraulische Leitfähigkeit und einen gesättigten Bodenwasserspeicher hin. FLÜGEL (1990) nennt eine gesättigte hydraulische Leitfähigkeit der alluvialen Sande von 2 m pro Tag und für die mit Ton verdichteten Schotterflächen von 1.15 m pro Tag. Die Aussage FLÜGEL's wird dadurch bestätigt, daß diese Form der Hystereseschleife besonders deutlich zur niederschlagsreichen Winterzeit auftritt, in der der Bodenwasserspeicher relativ gesättigt ist (E). Die starke Verbreitung dieses Phänomens ist ein Hinweis auf die Bedeutung des Zwischenabflusses in den untersuchten Einzugsgebieten. Offenbar tritt oberflächennaher Abfluß in den zentral gelegenen und ariden Einzugsgebieten selten auf und stellt eine eher unbedeutende Komponente des Abflußregimes dar.

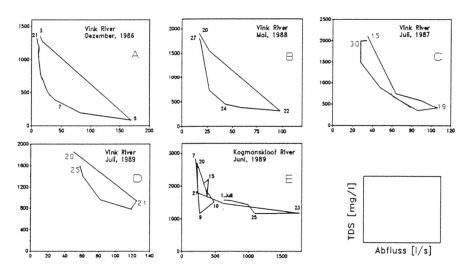

Abb. 22: Hystereseschleifen des Salzgehaltes während eines Abflußereignisses (die Zahlen kennzeichnen die Tage des jeweiligen Monats)

63

- Beispiel E stellt eine Hystereseschleife gegen den Uhrzeigersinn dar. Hier dominiert der salzarme oberflächennahe Abfluß während des ansteigenden Hydrographenastes. Eine Erklärung dieses im zentralen Breede River Einzugsgebiet selten beobachteten Verhalten läßt sich in einem starken Niederschlagsereignis in unmittelbarer Nähe der Pegelmeßstelle finden. O'CONNOR (1976) hat diesen Effekt an Beispielen des Spring Creek in Georgia, USA, mathematisch beschrieben.

4.5.2.2 Jahreszeitliche Hystereseschleifen

Jahreszeitliche Hystereseschleifen ergeben sich aus der Verbindung von monatlichen Mittelwerten der vorliegenden Abfluß- und Salzgehaltwerte. Für die Herausstellung der gegensätzlichen Salzdynamik verschiedener Nebenflüsse sind in Abb. 23 vier Pegel in bewässerungswirtschaftlich geprägten Einzugsgebieten für repräsentative Abflußjahre gegenübergestellt. Hier wird der erste Monat des Abflußjahres (Oktober) mit (1) und der letzte Monat (September) mit (12) beziffert.

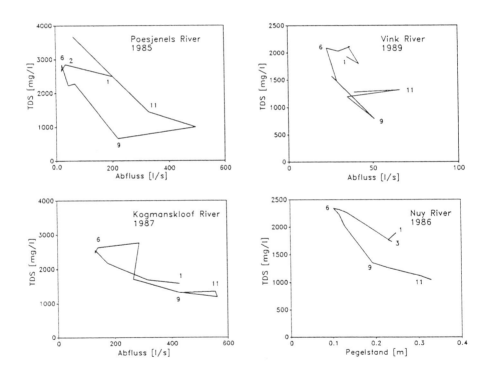

Abb. 23: Jahreszeitliche Hystereseschleifen von vier Nebenflüssen

64

Im allgemeinen weist Monat 6 (März) die höchsten Salzgehaltswerte bei niedrigsten Abflüssen auf. Zu Beginn der Regenzeit im Juni (Monat 9), fällt der Salzgehalt auf ein Minimum. Im August, dem Monat mit den höchsten Niederschlägen, treten in der Regel auch die höchsten Abflüsse auf. Die mittleren monatlichen Abflüsse sind in der Regel im Oktober (1) und im Juni (9) gleichwertig. Im Gegensatz dazu stehen die ungleichen Salzgehaltswerte, die im Oktober deutlich höher sind als im Juni. Diese jahreszeitliche Dynamik wird durch das winterliche Auffüllen des Grundwasserspeichers mit entsprechend hohem Gradienten bei gleichzeitig relativ langer Kontaktzeit hervorgerufen. Hierdurch erklären sich sowohl der relativ hohe Basisabfluß als auch der hohe Salzgehalt. Darüber hinaus wird im Untersuchungsgebiet häufig bereits im August und September bewässert, um die Bodensalze für die folgende Bewässerungszeit auszuwaschen. Die niedrigen Salzgehaltswerte im Juni kommen durch die höheren oberflächennahen Abflußanteile in diesem relativ feuchten Monat zustande.

Besonders aussagekräftig ist der Vergleich zweier Stationen im Breede River, von denen H4H017 oberhalb und H5H004 unterhalb eines intensiv bewässerten Gebietes liegen (Abb. 24). Obwohl das Einzugsgebiet von H5H004 etwa 2000 km^2 größer ist als das von H4H017, sind die Abflüsse beider Stationen im Oktober gleichwertig. Dies ist auf die Auslässe dreier Bewässerungskanäle mit einer Kapazität von insgesamt etwa 5 m^{3}s^{-1} zurückzuführen. Während in den folgenden Bewässerungsmonaten der natürliche Abfluß von H4H017 sehr klein ist und fast ausschließlich von zusätzlichen Dammauslässen für die Versorgung von Bewässerungswasser und zur Salzgehaltregulierung gespeist wird, weist H5H004 einen noch niedrigeren Abfluß mit bis zu fünffachen Salzgehaltswerten auf. Dies deutet auf Wasserverluste infolge der Bewässerungswirtschaft und salzreichen irrigation return flow hin. Im Juni und Juli sind die Abflüsse und Salzgehaltswerte beider Stationen relativ gleichwertig, was auf das Auffüllen der leeren Farmdämme und ein Zurücktreten des irrigation return flow hinweist. Nur im August übertrifft der Abfluß von H5H004 den von H4H017 deutlich.

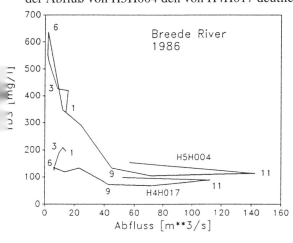

Abb. 24: Jährliche Hysterese-schleifen zweier Pegel im Breede River

65

4.5.3 Separation der Hydrographen anhand des Salzgehaltes

Die Differenz zwischen dem Salzgehalt des Basisabflusses und dem eines Abflußereignisses kann für die Quantifizierung der beteiligten Abflußkomponenten herangezogen werden (PINDER & JOHNES; 1969; PILGRIM *et al.*, 1979; HEM, 1985). Nach PILGRIM *et al.* (1979) wird das seit einem vorangegangenen Niederschlagsereignis im Boden befindliche Wasser zusammen mit dem Grundwasser als *altes Wasser* (Q_o) mit einer dem Basisabfluß entsprechenden Salzkonzentration C_o bezeichnet. Demgegenüber wird das infolge eines Niederschlagsereignisses oberflächlich abfließende, neu infiltrierende und als Zwischenabfluß nur kurzfristig im Boden befindliche Wasser als *neues Wasser* mit einem beim Durchgang des Hydrographen niedrigsten auftretenden Salzgehalt C_n gekennzeichnet. Die folgende Gleichung dient der Quantifizierung des alten Wassers (Q_o) unter Einbeziehung des Gesamtabflusses (Q_t) und des Gesamtsalzgehaltes (C_t) (PILGRIM *et al.*, 1979; LITTLEWOOD, 1992):

$$Q_o = Q_t \cdot \frac{(C_t - C_n)}{(C_o - C_n)} \tag{14}$$

Diese Gleichung stellt die Grundlage der Separation der Abflußkomponenten dar, wie sie in Abb. 25 und 26 exemplarisch für ausgewählte Abflußereignisse dargestellt sind. Da die Grundwasserdynamik einen wesentlichen Einfluß auf die Salzdynamik eines Vorfluters hat und das Grundwasser darüber hinaus zeitlich und lokal unterschiedliche Salzgehalte aufweist (VOLKMANN, 1990), lassen sich hier nur allgemeine Aussagen über den Einfluß der Abflußkomponenten auf die Vorfluterversalzung treffen:

- Unterschiedliche Jahreszeiten lassen charakteristische Grundwasserabflußdynamiken erkennen. Zum Beispiel weist der Vink River während der Trockenzeit bei den seltenen Abflußereignissen eine starke Verdünnung des salzreichen Basisabflusses auf. Hierbei kann sich der Anteil des Basisabflusses gegenüber dem oberflächennahen Abfluß auf nahezu Null verringern. Dieses Verhalten deutet auf ungespanntes Grundwasser hin, das sich beim Durchgang eines Hydrographen infolge Uferfiltration in den alluvialen, flachen Aquifer angereichert wird. Dem steht ein weitaus geringerer Rückgang des Grundwasserabflusses im Juli gegenüber.
- Selbst sehr kleine Abflußereignisse, wie das Ereignis im April 1989 im Vink River mit einem Abflußscheitel von 60 l s^{-1} können in einer starken Verdünnung des Salzgehaltes des Vorfluters resultieren. In diesem Beispiel führt die Vermischung des Grundwassers mit einem Salzgehalt von 2000 mg l^{-1} mit gleichen Anteilen an sehr salzarmen Oberflächenwasser zu einer Halbierung der Salzkonzentration im Vorfluter.

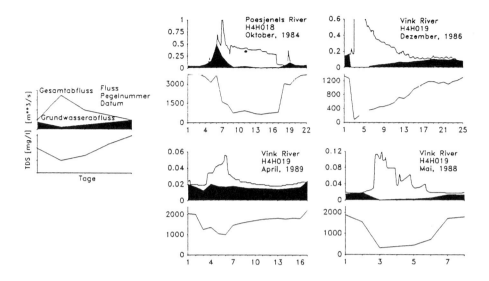

Abb. 25: Separation ausgewählter Hydrographen in oberflächennahen und Grundwasserabfluß und zugeordnete Salzgehaltkonzentration

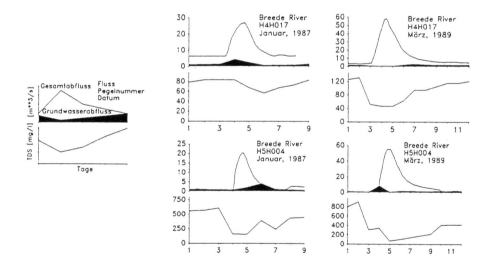

Abb. 26: Separation ausgewählter Hydrographen in oberflächennahen und
Grundwasserabfluß und zugeordnete Salzgehaltkonzentration für zwei
Pegel im Breede River

- Die Scheitel von oberflächennahem Abfluß und Grundwasser können, wie z. B. im Breede River gefunden wurde, zu unterschiedlichen Zeiten auftreten. Dies ist offenbar jahreszeitlich und lokal bedingt. Relativ zum Abflußscheitel des Direktabflusses treten zeitlich synchrone, vorzeitige und verzögerte Grundwasserabflußscheitel auf.
- Der Breede River hat bei Pegel H4H017 eine andere Abflußdynamik als bei Pegel H5H004 (Abb. 26), was eine Folge der Nebenflüsse und der infolge ausgedehnter Bewässerung beeinflußten Grundwasserdynamik ist.

4.5.4 Trendanalyse

Eine der wichtigsten Ziele langfristiger Probennahmeprogramme ist die Qualifizierung und Quantifizierung von zeitlichen Trends. Hierzu werden die vorhandenen Datenreihen statistisch analysiert. Da es das Ziel der Trendanalyse ist, langzeitige Veränderungen zu erfassen, werden nicht die wöchentlichen oder täglichen Zeitreihen, sondern die auf ihnen basierenden monatlichen Mittelwerte verwendet. Im vorangegangenen Kapitel wurde bereits herausgestellt, daß der Salzgehalt deutlich vom Abflußverhalten abhängig sein kann. Daher werden, soweit möglich, abflußgewogene Mittelwerte verwendet.

4.5.4.1 Qualifizierung und Quantifizierung zeitlicher Trends

Alle vorliegenden Datenreihen zum Salzgehalt gehören nicht-normalverteilten Grundgesamtheiten an. Sie weisen eine mehr oder weniger starke Saisonalität und Eigenkorrelation auf. Diese Charakteristika erschweren die Trendanalyse, da sie die Bedingungen der klassischen Methoden zur Erfassung eines Trends nicht erfüllen (BERRYMAN *et al.*, 1988). Denn parametrische Trendtests bedingen Zeitreihen, die unabhängig sind (keine Eigenkorrelation), eine konstante Varianz aufweisen und von einer normal verteilten Stichprobe abstammen. Nicht-parametrische Tests hingegen erfordern nur Unabhängigkeit und gelten daher als besser geeignet für Zeitreihen mit vorliegender Charakteristik (HIRSCH *et al.*, 1982; HIPEL *et al.*, 1985; WARD & LOFTIS, 1986; LETTENMAIER, 1988).

Für die Trendanalyse wurde das Computerprogramm WQSTAT der Colorado State University angewendet (LOFTIS *et al.*, 1989). Die Qualifizierung eines Trends findet mittels des Saisonalen Kendall Tests statt. Dieser Test ist eine modifizierte Variante des Kendall's Tau Test und ist ausführlich bei HIRSCH *et al.* (1982) beschrieben. Der *Saisonal Kendall Sen Slope Estimator* wird für die Quantifizierung des Trends angewendet. Dieser Test ist eine nicht-parametrische Prozedur und ermittelt den Medianwert der Steigungen aller möglichen Wertepaare innerhalb einer Zeitreihe. Der Vorteil dieses Tests ist, daß Extremwerte nicht überbewertet werden.

68

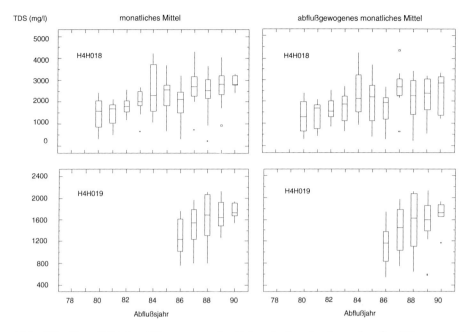

Abb. 27: Box-Whisker-Diagramme des Salzgehaltes, basierend auf mittlerem und abflußgewogenem monatlichen Salzgehalt

Bevor diese Tests angewendet werden, muß die periodische, jahreszeitlich bedingte Komponente der Zeitreihe (Saisonalität) entfernt werden (PHILLIPS *et al.*, 1989). Dies geschieht durch Subtraktion des mittleren Monatswertes eines gegebenen Monats von den einzelnen Monatswerten. Obwohl eine gewisse Eigenkorrelation (nach Entfernung der Saisonalität und des Trends) in allen Zeitreihen vorhanden ist, ist nach BERRYMAN *et al.* (1988) die Anwendung der Tests zulässig. Eine schwache Eigenkorrelation führt nach diesen Autoren nur dazu, daß die tatsächliche Testsignifikanz etwas kleiner ausfällt als angegeben. Für die Trendanalyse wurden alle vorliegenden Daten zwischen Oktober 1977 und September 1990 verwendet. Stationen, für die weniger als fünf Jahre an Daten oder weniger als 50 Einzelwerte vorliegen, wurden von der Analyse ausgeschlossen.

Um den Salzgehalttrend der Pegel, die keine Abflußgewichtung zuließen, hinsichtlich ihres langzeitigen Abflußverhaltens einordnen zu können, wurden die Abflußtrends der Abflüsse während der Probennahmezeit ermittelt und vergleichend in Tab. 17 aufgelistet. Um Salz- und Abflußtrends besser bewerten zu können, wurden sie bezüglich ihres Medians relativiert. Ein zunehmender Salztrend bei abnehmendem Abflußtrend läßt vermuten, daß der Salztrend durch verminderte Verdünnung hervorgerufen wird und nicht notwendigerweise die Folge einer Landnutzungsänderung im Einzugsgebiet ist. Abb. 27 stellt exemplarisch Box-Whisker-Dia-

69

gramme des mittleren bzw. abflußgewogenen Salzgehaltes dar. Beide Pegel weisen einen positiven Salztrend auf. Der Trend von Pegel H4H018 erscheint weniger signifikant zu sein, wenn abflußgewogene Salzgehalte zugrundegelegt werden.

Tab. 17: Ergebnisse des Kendall Tau Tests bzw. des Seasonal Kendall Tests zur Qualifizierung und Quantifizierung von Salz- und Abflußtrends

Pegel	Trend des Salzgehaltes			Trend des Abflusses		
	Trend in mg a^{-1}	Jährlicher Trend in % des Medianwertes	Sicherheitswahrscheinlichkeit in %	Trend in $m^3 \, 10^6 \, a^{-1}$	Jährlicher Trend in % des Medianwertes	Sicherheitswahrscheinlichkeit in %
H1H003	0.04	0.04	< 80	29.3	0.91	< 80
H1H006	-0.36	-0.68	< 80	-7.77	-0.10	< 80
H1H007	-0.22	-0.95	80	26.49	0.53	< 80
H1H012	0.00	0.00	< 80	-	-	-
H1H013	0.32	1.03	90	10.82	1.30	80
H1H014	-9.27	29.90	95	-	-	-
H1H015	-8.50	-18.09	< 80	-	-	-
H1H016	0.00	0.00	< 80	1.01	0.74	< 80
H1H017	0.19	0.86	< 80	6.70	0.20	< 80
H1H018	-0.07	-0.28	< 80	-27.90	-0.41	< 80
H1H028	-0.50	-1.19	< 80	-	-	-
H1H032	0.63	2.17	95	-	-	-
H2H001	-2.00	-3.64	95	-67.46	-2.14	90
H2H003	2.33	2.48	< 80	209.17	7.03	95
H2H004	-0.64	-2.56	80	56.93	3.02	95
H2H005	-0.06	-0.27	80	5.58	1.79	95
H2H009	-0.94	-4.70	95	5.37	3.18	95
H2H010	16.14	0.70	80	-	-	-
H2H015	-1.67	-4.64	95	-	-	-
H2H016	-1.63	-2.12	95	-	-	-
H3H004	-5.56	-4.75	80	0.00	0.00	95
H3H011	60.00	3.25	95	-48.7	-6.37	80
H3H013	36.30	10.90	95	-	-	-
H4H005	-3.83	-5.11	80	-	-	-
H4H006	-1.36	-2.52	95	-	-	-
H4H007	22.23	1.47	90	-0.44	-16.92	95
H4H008	86.00	5.66	95	0.00	0.00	< 80
H4H009	1.07	3.15	80	-	-	-
H4H011	-205.64	-9.73	< 80	-	-	-
H4H012	-0.01	-0.02	< 80	-7.57	-0.65	< 80
H4H013	-10.42	5.26	95	-	-	-
H4H014	-2.02	-1.87	95	-183.14	-1.09	80
H4H015	0.00	0.00	< 80	-16.08	-4.90	95
H4H016	14.08	0.97	< 80	-2.97	-5.28	95
H4H017	-3.00	-2.59	95	325.97	0.89	< 80
H4H018	121.08	5.21	95	-4.47	-2.83	95
H4H019	113.00	6.50	95	-7.90	-6.21	< 80
H4H020	11.00	0.56	< 80	-	-	-
H4H022	-0.72	-1.64	95	-	-	-
H4H023	23.25	1.15	< 80	-	-	-
H4H024	-6.34	-4.28	95	-	-	-
H4H033	-10.75	-8.96	95	10.72	1.97	95
H5H004	-0.86	-0.22	< 80	-76.60	-0.25	< 80

4.5.4.2 Einfluß des Abflusses auf die Trendanalyse des Salzgehaltes

Da fließendes Wasser das dominierende Transportmedium für Salze in einem Einzugsgebiet ist, kann die Trendanalyse ohne Einbeziehung des Abflußregimes irreführend sein. Dies soll an einem Beispiel verdeutlicht werden. Abb. 28 stellt die Ganglinie der monatlichen TDS-Werte des Kogmanskloof Rivers (Pegel H3H011) dar. Eine Trendanalyse mittels des saisonalen Kendall-Tau Test stellt für die Beobachtungsperiode 1986 bis 1989 einen positiven Trend des Salzgehaltes von jährlich 46 mg l^{-1} (2% des medianen Abflusses) mit einer Sicherheitswahrscheinlichkeit von 90% heraus.

Betrachtet man die Abflußganglinie derselben Beobachtungsperiode, so ergibt sich ein negativer Trend von jährlich 48 000 m³ (6.4 % des medianen Abflusses). Dies deutet darauf hin, daß der positive Salztrend zumindest teilweise durch den negativen Abflußtrend und verminderte Verdünnung impliziert wird. Dies wird durch die Trendanalyse der abflußgewogenen Salzdaten bestätigt. Obwohl ein positiver jährlicher Trend von 36 mg l^{-1} quantifiziert wurde, beträgt die Sicherheitswahrscheinlichkeit weniger als 80%.

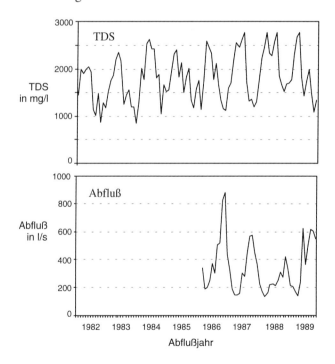

Abb. 28: Ganglinien des Salzgehaltes und Abflusses für Pegel H3H011

TDS in mg/l

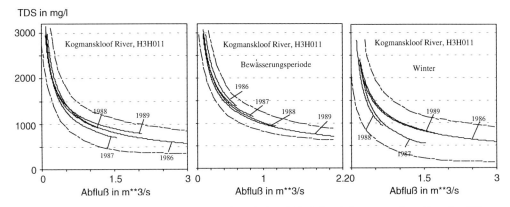

Abb. 29: Regressionslinien der Salzgehalt-Abfluß-Beziehungen des Pegels H3
H011 für das Abflußjahr (links), die Bewässerungsperiode (Mitte) und
die winterliche Regenzeit (rechts)

Eine alternative Methode, die Abhängigkeit des Salztrend vom Abflußtrend
darzustellen, ist die Gegenüberstellung der jährlichen TDS-Abfluß-Verhältnisse.
Abb. 28 stellt die entsprechenden Ganglinien gegenüber und Abb. 29 zeigt die
Regressionslinien der TDS-Abfluß-Verhältnisse von vier Abflußjahren. Die dar-
gestellten TDS-Abfluß-Verhältnisse haben ein Bestimmtheitsmaß von über 80%.
Aus den in Abb. 29 eingezeichneten Konfidenzintervalle geht hervor, daß die
Variation des TDS-Abfluß-Verhältnisses in den vier Abflußjahren nicht signifikant
ist. Hieraus kann geschlossen werden, daß der ursprünglich signifikant identifizierte
Salztrend nur ein Resultat des rückgängigen Abflusses ist.

Zerlegt man die jährlichen Datenreihen in ihre Sommer- und Winterhälften, werden
weitere Ergebnisse erzielt. Der vermeidliche positive Salztrend, der leicht als Folge
von intensiverer oder vermehrter Bewässerung mißinterpretiert werden kann, ist
während der Bewässerungsperiode schwach, aber stetig rückläufig. Ebenso kann
für die regenreiche Winterperiode ein positiver Trend des Salzgehaltes widerlegt
werden. Die gestrichelten Linien kennzeichnen die Grenzen der 95%-
Konfidenzintervalle. Hierdurch wird deutlich, daß ein signifikanter Trend fehlt.
Wesentlicher Nachteil dieser Methode ist, daß sie nur angewendet werden kann,
wenn eine enge Beziehung zwischen Salzgehalt und Abfluß besteht.

4.5.4.3 Trendanalyse für die Bewässerungsperiode

Um den Einfluß der Bewässerungswirtschaft auf den Salztrend der Vorfluter zu
qualifizieren, wurde für ausgewählte Nebenflüsse eine Trendanalyse für die Zeit
der Bewässerungsperiode von Oktober bis April durchgeführt. Mittlere TDS-Werte
während der Bewässerungsperiode sind in Tab. 18 aufgelistet. Es lassen sich
folgende Schlußfolgerungen ziehen:

72

- Das Abflußjahr 1981 war ein ungewöhnlich nasses Jahr. Hier fand im benachbarten Einzugsgebiet die sogenannte Laignsburg Flut statt (ein Jahrhundertabflußereignis). Die Jahre 1984 und 1988 gelten als extreme Trockenjahre. Die außergewöhnlichen Witterungen dieser Abflußjahre spiegeln sich deutlich in den Salzgehalten der Nebenflüsse wider (1981 = sehr niedriger Salzgehalt; 1984 und 1988 = sehr hoher Salzgehalt).
- Nuy, Vink und Kogmanskloof River weisen einen positiven Trend zwischen 1981 und 1988 auf. Dieser Trend geht sowohl auf die beobachtete Ausbreitung der Bewässerungsgebiete als auch auf sinkende Niederschläge zurück.
- Seit 1989 fallen die Salzgehalte. Dies läßt sich durch gestiegene Niederschläge und daraus resultierender Verdünnung der Vorfluter erklären.
- Der Poesjenels River ist der einzige Nebenfluß mit einem stetigen Ansteigen des Salzgehaltes. Obwohl der Abfluß während der Bewässerungsperiode im Abflußjahr 1990 mehr als doppelt so hoch war als im Abflußjahr 1988, zeigt der Fluß ein Ansteigen des Salzgehaltes. Die einzige Erklärung läßt sich in der Ausweitung der Bewässerungsgebiete auf die salzreicheren Pedimentflächen finden. Die natürlich belassenen Talhänge haben sehr flachgründige Böden, die beim Tiefpflügen und anschließender Bewässerung große Mengen an Salz freisetzen können (GREEF, 1989; FLÜGEL & PARSONS, 1990).
- Auslässe von Brandvleidamm haben in der Beobachtungsperiode relativ stetig zugenommen. Dies ist auf den gestiegenen Bewässerungswasserbedarf wie auch auf die gestiegene Notwendigkeit nach Verdünnung zur Regulierung des Breede River zurückzuführen.

Tab. 18: Mittlere Salzgehaltwerte während der Bewässerungsperiode von vier Nebenflüssen sowie Auslässe aus Brandvlei Damm

Abflußjahr	Salzgehalt der Nebenflüsse, TDS in mg l^{-1}				Brandvlei Dam Auslässe in Mio. m^3
	Nuy	Vink	Poesjenels	Kogmanskloof	
1981	1682	821	1722	-	32
1982	2183	1034	1789	1778	58
1983	2115	1064	2196	1876	74
1984	2492	1511	1707	2154	97
1985	2060	1635	2616	1957	48
1986	2080	1366	2466	1969	78
1987	2403	1745	2693	2267	86
1988	2590	1938	2765	2343	98
1989	2472	1841	2848	2067	92
1990	2157	1729	2931	2035	-
Trend in mg l^{-1} a^{-1}	51	113	145	38	(6)
Sicherheitswahrscheinlichkeit %	> 90	> 99	> 99	> 90	(> 99)

Ergebnisse einer Regressionsanalyse zwischen TDS und Abfluß während der Bewässerungsperiode zeigen mit Bestimmtheitsmaßen zwischen 34 und 49% nur eine schwache Beziehung.

4.5.5 Schätzung der Salzfracht

Genaue Salzfrachtberechnungen lassen sich nur durchführen, wenn sowohl Abfluß als auch Salzkonzentration kontinuierlich oder mittels abflußabhängiger Probennahme erfaßt werden (DAVIS & KELLER, 1983; KIENZLE, 1991). Für die meisten Pegel wurde jedoch nur eine wöchentliche oder monatliche Beprobung durchgeführt. Da bei Verringerung der Probennahmehäufigkeit oder steigender Variabilität des Abflusses oder des Salzgehaltes eines Vorfluters die Salzfrachterfassung ungenauer wird (KIENZLE, 1990, 1991), werden Salzfrachtschätzungen aus Gründen der Zuverlässigkeit für längere Perioden wie Quartale (KIENZLE, 1991) oder Jahre berechnet (DAVIS & KELLER, 1983). Deshalb werden hier für die Stationen des täglichen Sammelprogramms der jahreszeitliche Verlauf der Salzfracht und für alle Stationen mit Abflußdaten der langfristige spezifische Salzaustrag ermittelt. Die Salzfracht wird nach folgender Gleichung berechnet:

$$SF_P = Q_P \cdot TDS \tag{16}$$

mit SF_P = Salzfracht zur Probenahmezeit (in $g\ s^{-1}$),
Q_P = Abfluß zur Probenahmezeit (in $m^3\ s^{-1}$),
TDS = Salzgehalt (in $mg\ l^{-1}$).

4.5.5.1 Saisonaler Verlauf der Salzfracht

Der jahreszeitliche Verlauf ist in Abb. 30 exemplarisch für zwei Pegel des täglichen Sammelprogrammes dargestellt. Es wird deutlich, daß der Gang der Salzfracht generell dem jahreszeitlichen Abflußgang folgt und der wesentliche Anteil der jährlichen Salzfracht während der regenreichen Wintermonate transportiert wird. Dieses Verhalten ist im Breede Fluß stärker ausgeprägt als in den Nebenflüssen. Das unterschiedliche Verhalten läßt sich dadurch erklären, daß im Breede River die Varianzbreite des Abflusses deutlich höher ist als die Varianzbreite des Salzgehaltes und daß der Unterschied beider Varianzbreiten in den Nebenflüssen kleiner ausfällt. So betragen z. B. die Varianzbreiten für Abfluß des Breede River bei Station H5H004 etwa 50 und für den Salzgehalt etwa 10, während sich die Abflußvarianzbreite des Poesjesnels River bei Station H4H018 auf etwa 8 und die Varianzbreite des Salzgehaltes auf etwa 6 beziffern.

Es zeigt sich also, daß der Salzexport vorwiegend in der winterlichen Regenzeit stattfindet und nicht während der Zeit des höchsten Salzgehaltes zur sommerlichen Bewässerungsperiode.

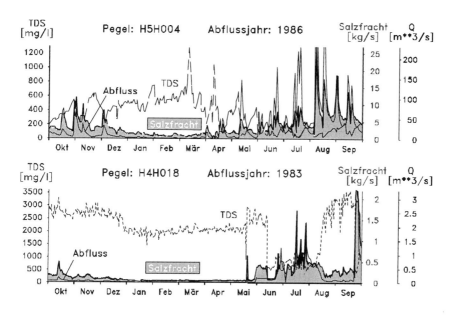

Abb. 30: Ganglinien von Salzgehalt (TDS), Salzfracht und Abfluß zweier Pegel

4.5.5.2 Spezifischer Salzaustrag

Die spezifische Salzfracht entspricht der Salzfracht im Verhältnis zur Ein-zugsgebietsgröße. Die spezifische Salzfracht ist äquivalent mit dem spezifischen Salzaustrag (A_{ss}). Da der geschätzte spezifische Salzeintrag (E_{ss}) für die Einzugs-gebiet bereits vorliegt (Tab. 15), kann die spezifische Salzproduktion (P_{ss}) der Einzugsgebiete berechnet werden:

$$P_{ss} = A_{ss} - E_{ss} \qquad (17)$$

(alle Werte in kg ha^{-1} a^{-1}).

Tab. 19 listet die Salzfracht der Einzugsgebiete, ihren relativen Anteil am gesamten Salzaustrag aus dem Untersuchungsgebiet, die spezifische Salzfracht sowie die spezifische Salzproduktion auf. Da eine bestimmte spezifische Salzfracht in einem ariden Einzugsgebiet eine andere Bedeutung zukommt als in einem humiden Einzugsgebiet, werden zusätzliche Informationen gewonnen, wenn die Salzfracht auch ins Verhältnis zum Gebietsniederschlag gebracht wird. Dieser Wert, die *niederschlagsgewogene spezifische Salzfracht* (A_{nss}), ausgedrückt in kg km^{-2} mm^{-1} a^{-1}, gibt zusätzliche Erkenntnisse über die potentielle Salzproduktion in einem Einzugsgebiet:

$$A_{nss} = \frac{A_{ss}}{h_N} \cdot 100 \qquad (18)$$

mit: h_N =   mittlerer jährlicher Gebietsniederschlag in mm a^{-1}.

Die räumliche Verteilung von spezifischem Salzaustrag und niederschlagsgewogenem spezifischen Salzaustrag sind im Anhang in Abb. A12 und A13 dargestellt. Unter Einbeziehung von Abb. A12, A13 und A15 sowie Tab. 19 lassen sich folgende Aussagen hinsichtlich der Salzfracht der Einzugsgebiete treffen:

- Die spezifische Salzfracht aller Vorfluter liegt in dem Bereich, die MEYBECK (1979) für 496 untersuchte Flüsse der Welt festgestellt hat. MEYBECK (1976) errechnete einen Weltmittelwert der spezifischen Salzfracht von 372 kg ha^{-1} a^{-1} mit typischen Werten zwischen 50 und 800 kg ha^{-1} a^{-1}.

- Tab. 19 ermöglicht die Identifizierung der Einzugsgebiete, die einen hohen prozentualen Salzaustrag aufweisen (Spalte *Salzfracht in % von H5H004*). Die folgende Spalte gibt Aufschluß darüber, welche Einzugsgebiete im Untersuchungsgebiet überdurchschnittlich viel Salz austragen. So exportiert Einzugsgebiet H3H004 z. B. zweieinhalbmal soviel Salze pro Flächeneinheit wie im Durchschnitt und etwa zehnmal mehr als Einzugsgebiet H2H004. Diese Information ist für die Planung von Regulierungsmaßnahmen zur Stabilisierung des Salzgehaltes des Breede River von Bedeutung.

- Die spezifische Salzfracht variiert stark. Einige Einzugsgebiete mit sehr niedrigen Werten wie H2H015, H2H016 oder H4H033 sind mit Reservoirs ausgestattet, die Bewässerungswasser an andere Einzugsgebiete exportieren. Da die Menge des exportierten Wassers nicht gemessen wird, kann die spezifische Salzfracht nicht genauer berechnet werden. Andere Einzugsgebiete, wie H1H018, H1H012 und H3H005 exportieren über 300 kg ha^{-1} a^{-1}. Diese Einzugsgebiete weisen jedoch starke physiographische Unterschiede auf. Während H1H012 und H1H018 durch hohe Gebietsniederschläge von über 1100 mm a^{-1} und Abflußverhältnissen von etwa 70% gekennzeichnet sind, weist H3H005 einen Gebietsniederschlag von 534 mm a^{-1} mit einem Abflußverhältnis von etwa 1.2% auf.

- Die niederschlagsgewogenen spezifischen Salzaustragswerte eröffnen weitere Aussagen hinsichtlich der Ursachen der vorliegenden Salzaustragswerte. So wird deutlich, daß z. B. die oben erwähnten Einzugsgebiete H1H012 und H1H018 nur aufgrund ihrer hohen Niederschläge hohe Salzaustragswerte aufweisen. Einzugsgebiete mit durchschnittlichen spezifischen Salzaustragswerten wie H3H011 oder H4H019 lassen mit dem niederschlagsgewogenen spezifischen Salzaustrag deutlich höhere Werte erkennen. Dadurch, daß der Niederschlag als beeinflussender Faktor ausgeschlossen werden kann, ist die Variation in Abb. A13 ausschließlich das Resultat von Unterschieden in Geologie, Boden und Landnutzung.

76

Tab. 19: Salzaustrag aus den Einzugsgebieten

Einzugs-gebiet	Einzugs-gebiets-größe in km²	Einzugs-gebiets-größe in % von H5H004	Salz-fracht in t y⁻¹	Salz-fracht in % von H5H004	Salzfracht in % von H5H004 zu Einzugsgebiets-größe in % von H5H004	Spezifische Salzfracht in kg ha⁻¹a⁻¹	Niederschlags-gewogene spezifische Salz-fracht in kg km⁻²mm⁻¹a⁻¹	Spezifische Salz-produktion im Einzugs-gebiet in kg ha⁻¹ a⁻¹
H1H003	642.9	9.60	6816	5.6	0.580	106	15.6	18
H1H006	743.0	11.09	11748	9.7	0.875	158	21.6	63
H1H007	80.0	1.19	2172	1.8	1.500	272	16.9	47
H1H012	150.7	2.25	5784	4.8	2.130	383	29.3	213
H1H013	52.1	0.78	756	0.6	0.800	145	14.8	17
H1H017	60.8	0.91	1080	0.9	0.977	177	10.0	-72
H1H018	112.4	1.68	3540	2.9	1.730	315	19.0	83
H1H020	14.3	0.21	80	0.1	0.314	56	4.1	-122
H2H001	702.9	10.49	3936	3.2	0.305	56	7.6	-33
H2H003	726.2	10.84	8112	6.7	0.618	112	15.3	24
H2H004	175.6	2.62	680	0.6	0.214	39	5.2	51
H2H005	15.4	0.23	107	0.1	0.383	69	7.1	-48
H2H009	8.2	0.12	78	0.0	0.540	95	8.5	-39
H2H015	135.8	2.03	383	0.3	0.155	28	0.4	-62
H2H016	82.8	1.24	203	0.2	0.135	15	2.1	-69
H3H004	13.8	0.21	652	0.5	2.556	79	11.0	7
H3H005	76.9	1.15	2783	2.3	1.990	362	63.8	311
H3H011	1207.6	18.03	17388	14.3	0.790	144	31.5	103
H3H013	90.9	1.37	1160	1.0	0.697	128	22.8	77
H3H015	117.1	1.75	2460	2.0	1.160	210	43.5	162
H4H005	23.7	0.35	205	0.2	0.482	86	13.7	23
H4H006	2949.3	44.02	24732	20.4	0.463	84	9.6	-21
H4H007	43.8	0.65	1308	1.1	1.660	299	39.4	215
H4H008	105.3	1.57	3000	2.5	1.570	285	48.1	220
H4H014	4139.2	61.79	51528	42.4	0.686	124	16.1	32
H4H015	25.4	0.38	176	0.1	0.380	69	9.3	-6
H4H016	117.1	1.75	2388	2.0	1.140	204	37.8	150
H4H017	4294.9	64.11	72684	59.8	0.930	169	22.5	86
H4H018	228.7	3.41	5940	4.9	1.440	260	49.0	202
H4H019	202.2	3.02	2293	1.9	0.625	113	25.4	64
H4H033	392.7	5.86	888	0.7	0.120	23	3.8	-43
H5H004	6699.2	100.00	121464	100.0	1.000	181	28.5	117

- Die Untersuchung der spezifischen Salzproduktion kann weitere Informationen eröffnen (Abb. A14, Anhang). Da jedoch der spezifische Salzeintrag nur ein Schätzwert ist und auch der spezifische Salzaustrag aufgrund mangelnder Datengrundlage nur ein Anhaltswert ist, sind Interpretationen limitiert.
- Insbesondere alle Werte des Hextales, d. h. alle Einzugsgebiete der H2Hxxx Gruppe, sowie Einzugsgebiete mit größeren Reservoirs, müssen wegen Wasserexport in benachbarte Einzugsgebiete in unbekannter Höhe von dieser Untersuchung ausgeschlossen werden. Aus Einzugsgebieten mit hohen Werten wie H1H012, H3H005, H4H007, H4H008 oder H4H018 werden viele Salze ausgewaschen.

Inwieweit die starke Salzproduktion einiger Einzugsgebiete auf verschiedene physiographische oder bewässerungswirtschaftliche Verhältnisse in den Einzugsgebieten zurückzuführen ist, ist Ziel des folgenden Kapitels, in dem die chemische Zusammensetzung des Abflusses näher untersucht wird.

5. CHEMISCHE ZUSAMMENSETZUNG DES ABFLUSSES

Die Charakterisierung der chemischen Zusammensetzung von Flußwasser und ihre zeitliche und räumliche Verteilung wurde von zahlreichen Autoren durchgeführt (NEWBURY *et al.,* 1969; SUBRAMANIAN, 1983; WEBB & WALLING, 1983). Dabei kann an Hand chemischer Indikatoren die hydrologische Herkunft des Wassers abgeschätzt werden. Die Verwendung von Anionen und Kationen als natürliche Tracer zur Identifizierung unbekannter Wasser- und Salzeintragsquellen ist im anglo-amerikanischen Raum als *chemical finger printing* bekannt (MAZOR, 1983; RITTMASTER & MUELLER, 1986; WALLING & WEBB, 1986). Insbesondere das Konzept der Erstellung von Ionenverhältnissen und ihre Trendanalyse fand Anwendungen mit unterschiedlichen Zielsetzungen. Hierzu zählen Arbeiten zur Bestimmung von Grundwasserabfluß (FRITZ, 1983; ROSENTHAL & MAN-DEL, 1985; MARTINS, 1988) und die Abgrenzung von Bereichen mit Grund-wassererneuerung und Grundwasserabfluß (MAGARITZ *et al.,*1981; OPHORI & TOTH, 1989). Ionenverhältnisse werden auch für die Unterscheidung der ver-schiedenen Eintragsquellen der im Wasser gelösten Salze verwendet. So ver-wendete FLÜGEL (1981) Ionenverhältnisse als Indikatoren für Kalklösung in Kanada und ROSENTHAL & MANDEL (1985) unterschieden verschiedene Aqui-fer in Israel. Der chemischen Eintrag durch Niederschläge wurde von SCHRÖDER & ZAKOSEK (1979), FLÜGEL (1981), REID *et al. (*1981) und insbesondere MEYBECK (1983) untersucht und ist eine wichtige Komponente bei der Erstellung von Salzbilanzen (PACES, 1984; KATZ, BRICKER & KENNEDY, 1985; YURETICH & BATCHELDER, 1988) und Denudationsraten (VERSTRATEN, 1977; ANDREWS, 1983). Die Dynamik des Vorfluterchemismus bei Abfluß-ereignissen fand Beachtung bei PINDER & JONES (1969) mit ihrer klassischen Arbeit zur Quantifizierung des Grundwasserabflusses am Gesamtabfluß. AFIFI & BRICKER (1983) und (KATZ, 1989) bezogen chemische Reaktionsgleichungen zur Erklärung der Salzquellen in ihre Arbeiten ein. Der Chemismus des irrigation return flow wurde von KEYS (1977), ZADOROZHNAYA (1983) und KONIKOW & PERSON (1985) untersucht, während BERNSTEIN (1967), BOWER, OGATA & TUCKER (1968), OSTER & RHOADES (1975), SUAREZ & RHOADES (1977) wichtige Beiträge mit ihren Arbeiten zum Einfluß der Auswaschungsrate bei der Bewässerungswirtschaft auf die Qualität des irrigation return flow lieferten. Der chemische Charakter südafrikanischer Vorfluter wurde insbesondere von TORDIFFE *et al.* (1985), MOOLMAN *et al.*(1983), FLÜGEL & KIENZLE (1989) und GREEF (1990) bearbeitet.

Im folgenden werden gemäß der Zielsetzung in Kap. 1.3 die chemische Zusammen-setzung, ihre zeitliche Dynamik und insbesondere der Einfluß der Bewässerungs-wirtschaft auf den Vorfluterchemismus bearbeitet.

Ein erstes Charakterisierungsmerkmal der Vorfluter hinsichtlich ihrer chemischen Zusammensetzung ist die Verteilung der prozentualen Anteile der Anionen und Kationen, die sogenannte Hauptkomponentenanalyse (MARTINS, 1988). Hierzu müssen die vorliegenden Analysewerte (in mg l^{-1}) in Äquivalentmasse (in me l^{-1})

umgerechnet werden (vgl. Kap. 3.2.1). Da Elektroneutralität des Wassers vorausgesetzt wird (HEM, 1985), kann die Güte der vorliegenden Analysedaten hinsichtlich Vollständigkeit und Genauigkeit mittels einer Gleichgewichtsgleichung berechnet werden (TCHOBANOGLOUS & SCHROEDER, 1987):

$$|\sum Anionen - \sum Kationen| \leq (0.1065 + 0.0155 \sum Anionen) \qquad (19)$$

(alle Summen in me l^{-1}).

Diese Gleichung hat gegenüber einfachen Verhältnisgleichungen den Vorteil, daß bei Analysen nahe der Nachweisgrenze eine größere Abweichung toleriert wird als bei Proben mit hohem Salzgehalt, die in der Regel eine weit ausgeglichenere Ionenbilanz aufweisen. Für diese Analyse wurde ein Computerprogramm in FORTRAN erstellt, daß eine Umrechnung von mg in me durchführt, automatisch die Güte der Proben feststellt, nicht bestätigte Proben aussortiert und die prozentualen Anteile der Kationen und Anionen berechnet.

Die Hauptkomponentenanalyse zeigt, daß Natrium und Chlorid mit prozentualen Anteilen in ihrer Ionengruppe zwischen 45 und 70 % mit einer Ausnahme in allen untersuchten Vorflutern eindeutig dominant sind (Tab. 20). Diese Charakteristik tritt nach MEYBECK (1980) in weniger als 0.1 % der weltweit 496 untersuchten Flüsse auf.

Diese Dominanz läßt sich sowohl durch die küstennahen Niederschläge (MEYBECK, 1983) als auch durch die vorherrschende Geologie erklären. Die mittleren Anteile an Natrium und Chlorid im Niederschlagswasser nehmen von West (Zarachiashoek) nach Ost (Robertson) ab. Dabei bleibt Natrium in seiner Ionengruppe dominant, während die Chloridanteile bei Robertson nahezu gleichwertig mit dem Hydrogenkarbonatanteil sind (Tab. 20). Für die küstennahen Einzugsgebiete mit Gesamtsalzgehalten von weniger als 100 mg l^{-1} dürften die Niederschläge als wichtigste Salzquellen betrachtet werden (vgl. Kap. 4.3.2).

Wie Untersuchungen von GREEF (1976) zeigen, weist Grundwasser, das in den verschiedenen geologischen Formationen erbohrt wurde, ebenfalls eine Dominanz von Natrium und Chlorid auf. Die aufgelisteten Durchschnittswerte in Tab. 21 basieren auf Grundwasseranalysen von GREEF (1976). Trotz starker Unterschiede im Gesamtsalzgehalt lassen sich nur wenige Unterscheidungsmerkmale in der stofflichen Zusammensetzung feststellen.

Wasser im Kontakt mit Table Mountain Sandstone (TMS) weist einen niedrigen Gesamtsalzgehalt auf mit stark dominierenden Na$^+$ und Cl$^-$ Anteilen. Der niedrige pH-Wert (Mittelwert 5,7) wird durch Huminsäure der Heidevegetation hervorgerufen, das durch das Fehlen von Basen im TMS nicht neutralisiert werden kann (BOND, 1946).

Tab. 20: Chemische Hauptkomponenten, Natrium und Chloridanteile sowie Werte zum Natriumadsorptionsverhältnis (NAV) und Restnatriumkarbonat (RNK) der Vorfluter

Einzugs-gebiet	Kationen[*]	Anionen[*]	Na$^+$ Anteile an Kat-ionen (%)	Cl$^-$ Anteile an An-ionen (%)	NAV	NAV (korr.)	RNK
H1H003	Na >> Mg > Ca > K	Cl >> HCO$_3$ > SO$_4$	50.3	62.4	1.33	0.600	-0.410
H1H006	Na >> Mg > Ca >K	Cl >> HCO$_3$ > SO$_4$	51.5	60.8	0.98	-0.085	-0.195
H1H007	Na > Mg > Ca > K	Cl > HCO$_3$ > SO$_4$	48.7	49.7	0.51	-0.360	-0.050
H1H012	Na >> Mg > Ca > K	Cl >> HCO$_3$ > SO$_4$	55.4	50.1	0.70	-0.395	-0.035
H1H013	Na >> Mg > Ca > K	Cl >HCO$_3$ > SO$_4$	56.7	59.1	0.85	-0.470	-0.050
H1H014	Na >> Mg > Ca > K	Cl >> SO$_4$ > HCO$_3$	57.2	62.3	1.82	0.605	-0.395
H1H015	Na >> Mg > Ca > K	Cl >> HCO$_3$ > SO$_4$	51.6	65.4	0.99	-0.145	-0.195
H1H016	Na > Mg > Ca > K	Cl >> HCO$_3$ > SO$_4$	46.9	50.4	0.51	-0.340	-0.050
H1H017	Na > Mg > Ca > K	Cl > HCO$_3$ > SO$_4$	48.7	48.2	0.51	-0.360	-0.050
H1H018	Na >> Mg > Ca > K	Cl >> HCO$_3$ > SO$_4$	53.7	51.1	0.68	-0.360	-0.050
H1H019	Na > Ca > Mg > K	Cl >> HCO$_3$ > SO$_4$	40.6	51.5	0.53	-0.170	-0.130
H1H020	Na > Mg > Ca > K	HCO$_3$ > Cl > SO$_4$	48.7	38.3	0.51	-0.250	-0.010
H1H028	Na >> Mg > Ca > K	Cl >> HCO$_3$ > SO$_4$	62.3	67.6	1.32	-0.370	-0.080
H1H029	Na >> Mg > Ca > K	Cl >> HCO$_3$ > SO$_4$	56.6	56.4	1.02	-0.400	-0.050
H1H031	Na >> Mg > Ca > K	Cl > HCO$_3$ > SO$_4$	50.7	45.8	0.63	-0.340	-0.025
H1H032	Na >> Mg > Ca > K	Cl >> HCO$_3$ > SO$_4$	55.4	53.0	0.68	-0.420	-0.030
H2H001	Na > Ca > Mg > K	Cl > SO$_4$ > HCO$_3$	41.7	46.8	0.72	-0.065	-0.210
H2H003	Na > Ca > Mg > K	Cl > HCO$_3$ > SO$_4$	41.2	48.2	0.82	0.095	-0.340
H2H004	Na > Mg > Ca > K	Cl >> HCO$_3$ > SO$_4$	48.7	49.9	0.67	-0.265	-0.030
H2H005	Na > Mg > Ca > K	Cl >> HCO$_3$ > SO$_4$	42.8	37.6	0.47	-0.205	-0.055
H2H009	Na > Mg > Ca > K	Cl >> HCO$_3$ > SO$_4$	45.6	43.7	0.51	-0.260	-0.050
H2H010	Na >> Mg > Ca > K	Cl >> SO$_4$ > HCO$_3$	57.9	54.1	7.70	19.950	-10.840
H2H015	Na > Ca > Mg > K	Cl >> HCO$_3$ > SO$_4$	47.8	52.1	0.66	-0.190	-0.050
H2H016	Na > Mg > Ca > K	Cl >> HCO$_3$ > SO$_4$	45.5	56.7	0.90	0.455	-0.180
H3H004	Na >> Ca > Mg > K	Cl > HCO$_3$ > SO$_4$	52.3	45.2	1.49	1.095	-0.260
H3H005	Na >> Mg > Ca > K	Cl >> SO$_4$ > HCO$_3$	54.5	54.5	5.20	13.020	-5.890
H3H009	Na >> Mg > Ca > K	Cl >> HCO$_3$ > SO$_4$	65.0	61.9	3.00	3.130	-0.480
H3H011	Na >> Mg > Ca > K	Cl >> HCO$_3$ > SO$_4$	65.0	69.8	8.20	19.600	-5.055
H3H013	Na >> Mg > Ca > K	Cl >> HCO$_3$ > SO$_4$	59.1	63.8	3.10	3.800	-1.000
H3H015	Na > Mg > Ca > K	Cl > HCO$_3$ > SO$_4$	49.2	46.4	3.20	7.320	-1.510
H4H005	Na > Ca > Mg > K	Cl > HCO$_3$ > SO$_4$	51.9	46.8	1.12	0.550	-0.050
H4H006	Na >> Mg > Ca > K	Cl >> HCO$_3$ > SO$_4$	56.4	63.4	1.14	-0.175	-0.160
H4H007	Na > Mg > Ca > K	Cl >> HCO$_3$ > SO$_4$	47.0	56.9	4.40	11.750	-8.150
H4H008	Na > Mg > Ca > K	Cl >> SO$_4$ > HCO$_3$	46.8	57.0	4.80	11.620	-8.720
H4H009	Na >> Mg > Ca > K	Cl >> HCO$_3$ > SO$_4$	67.7	74.3	1.18	-0.930	-0.070
H4H011	Na >> Mg > Ca > K	Cl >> HCO$_3$ > SO$_4$	69.6	66.3	9.60	22.800	-2.040
H4H012	Na >> Mg > Ca > K	Cl >> HCO$_3$ > SO$_4$	71.8	76.3	1.52	-1.080	-0.080
H4H013	Na >> Mg > Ca > K	Cl >> SO$_4$ > HCO$_3$	61.1	73.3	2.50	1.430	-0.870
H4H014	Na >> Mg > Ca > K	Cl >> SO$_4$ > HCO$_3$	58.9	64.1	1.76	0.545	-0.440
H4H015	Na >> Mg > Ca > K	Cl >> HCO$_3$ > SO$_4$	66.1	69.5	1.32	-0.910	-0.070
H4H016	Na >> Mg > Ca > K	Cl >> HCO$_3$ > SO$_4$	69.8	61.5	8.30	18.200	-0.730
H4H017	Na >> Mg > Ca > K	Cl >> SO$_4$ > HCO$_3$	58.6	65.7	1.84	0.610	-0.440
H4H018	Na >> Mg > Ca > K	Cl >> SO$_4$ > HCO$_3$	64.1	71.4	8.70	23.000	-5.640
H4H019	Na >> Mg > Ca > K	Cl >> HCO$_3$ > SO$_4$	53.0	65.7	4.20	9.180	-3.935
H4H020	Na >> Mg > Ca > K	Cl >> SO$_4$ > HCO$_3$	58.1	63.1	7.40	18.550	-9.080
H4H022	Na >> Mg > Ca > K	Cl >> HCO$_3$ > SO$_4$	55.7	64.2	1.17	-0.180	-0.180
H4H023	Na >> Mg > Ca > K	Cl >> SO$_4$ > HCO$_3$	58.8	63.2	7.50	18.930	-8.790
H4H024	Na >> Mg > Ca > K	Cl >> SO$_4$ > HCO$_3$	60.4	66.4	2.05	0.840	-0.490
H4H033	Na > Mg > Ca > K	Cl >> HCO$_3$ > SO$_4$	44.8	55.6	1.14	0.865	-0.460
H4H034	Na >> Mg > Ca > K	Cl >> SO$_4$ > HCO$_3$	72.6	78.6	3.40	1.480	-0.500
H5H004	Na >> Mg > Ca > K	Cl >> HCO$_3$ > SO$_4$	62.5	66.9	3.30	4.050	-0.970
H5H006	Na >> Mg > Ca > K	Cl >> SO$_4$ > HCO$_3$	61.5	66.9	2.70	2.460	-0.700
H5H007	Na >> Mg > Ca > K	Cl >> SO$_4$ > HCO$_3$	62.0	66.6	2.40	1.680	-0.600

[*] Das Symbol >> bedeutet, daß das dominierende Ion mehr als 50% der Ionengruppe ausmacht.

80

Tab. 21:   Chemische Hauptkomponenten wichtiger Salzquellen

Herkunft der Salze	TDS in mg l^{-1}	Kationenanteile (% me)			Anionenanteile (% me)		
		Ca	Mg	Na+K	Cl	SO$_4$	HCO$_3$
Niederschlag							
Zachariahoek [1]	14	16.4	10.5	73.1	45.8	19.9	34.2
Robertson	12	19.5	18.0	62.5	39.4	18.6	42.0
Bewässerungswasser							
Le Chasseur Kanal	44	16.8	24.1	59.0	64.2	17.3	18.2
Robertson Kanal	148	14.1	23.7	61.9	66.4	18.0	15.4
Angora Kanal	198	13.8	22.8	61.3	66.6	17.0	16.0
Sanddrift Kanal	243	13.4	23.4	62.9	66.9	16.7	16.2
Geologie [2]							
Malmesbury	747	18.7	23.2	58.1	65.0	10.2	24.8
Table Mountain Sandstone	118	11.3	20.9	67.8	75.2	11.2	13.5
Bokkeveld	618	18.3	20.6	61.1	61.8	15.5	22.7
Witteberg	1812	12.5	29.9	58.5	80.5	10.3	9.2
Dwyka	1482	25.8	21.5	52.6	76.6	8.6	14.8
Ecca	1048	14.0	20.1	65.9	58.8	27.8	13.4

[1] Van WYK (1988)
[2] GREEF (1976)

Die relativ hohen Sulfatanteile von Bokkeveld und Ecca sind auf Verwitterung von Pyrit zurückzuführen. Pyrit ist Bestandteil zahlreicher Sedimentgesteine, Schiefer und Tone und verwittert in ariden Regionen neben Limonit zu Sulfat gemäß der Verwitterungsgleichung (KRAUSKOPF, 1979):

$$FeS_2 + \frac{7}{2}O_2 + H_2O \rightarrow Fe^{2+} + SO_4^{2-} + 2H^+ \tag{20}$$

Während Eisen(II) durch Aufnahme eines der freigewordenen Protonen weiter zu Eisen(III) oxidiert und mit Wasser zu Fe(OH)$_3$ reagiert, kann Pyrit weiter durch das freigewordene Eisen(III) reduziert werden (STUMM & MORGAN, 1970):

$$FeS_2 + 14Fe^{3+} + 8H_2O \rightarrow 15Fe^{2+} + 2SO_4^{2-} + 16H^+ \tag{21}$$

Unter ariden und anaerobischen Bedingungen verläuft die Oxydation von Pyrit langsam. Bei Anwesenheit von Bakterien verläuft diese Reaktion wesentlich schneller (KRAUSKOPF, 1979). Daher kann bei der Expansion der Bewässerungsgebiete in Gebieten mit pyrithaltigem Gestein auch ohne Gipsdüngung mit einer Zunahme des Sulfatanteils im Wasser gerechnet werden. Mit der Freigabe von H$^+$ resultiert die Verwitterung von Pyrit in einer Absenkung des pH-Wertes. GREEF (1990) hat das Vorkommen von erhöhten Sulfatgehalten im Poesjenels River auf Pyrit zurückgeführt, und BOND (1946) erklärt die hohen Sulfatanteile in Ecca mit Pyritvorkommen.

Tab. A1 (Anhang) listet die prozentualen Anteile der geologischen Formationen im Untersuchungsgebiet für alle Einzugsgebiete auf und Tab. (Anhang) stellt wichtige Ionenverhältnisse zusammen. Der Vergleich von Tab. 21 mit Tab. A1 eröffnet folgende Schlußfolgerungen:

- Nahezu alle Einzugsgebiete, dic ausschließlich aus Table Mountain Sandstone bestehen, weisen eine Charakteristik mit Na > Mg > Ca > K und Cl >> HCO_3 > SO_4 bei niedrigen NAV-Werten und einem sehr niedrigen Gesamtsalzgehalt von weniger als 40 mg l^{-1} auf. Ausnahmen bilden die Einzugsgebiete H1H014 mit TDS-Wert von 70 mg l^{-1} und relativ hohen Sulfatanteilen sowie H1H020 mit dominierenden Hydrogenkarbonatanteilen. Einzugsgebiete mit niedrigen Abflußverhältnissen und entsprechend hohen Evapokonzentrationseffekten weisen etwas höhere Salzgehaltswerte und höhere Anteile der dominierenden Ionen von über 66% NaCl auf.
- Einzugsgebiete, die über bedeutende Anteile an Bokkeveld verfügen, weisen wegen des Pyritvorkommens höhere Sulfat- als Hydrogenkarbonatanteile auf. Dieses wird besonders bei Einzugsgebieten H2H001, H3H005, H4H008, H4H013 und H4H018 deutlich.
- Da in den Einzugsgebieten keine anderen geologischen Schichten außer Table Mountain Sandstone und Bokkeveld über bedeutende Gebietsanteile verfügen, lassen sich hier keine Korrelationen zwischen geologischen Formationen und chemischer Zusammensetzung der Vorfluter herstellen.

5.1   Chemical Fingerprinting mit Ionenverhältnissen

Die Konzepte des Natriumadsorptionsverhältnisses, NAV (sodium adsorption ratio, SAR) und Restnatriumkarbonats, RNK (residual sodium carbonate, RSC) wurden vom US Salinity Laboratory Staff (1954) für die Klassifizierung von Bewässerungswasser entwickelt. Das NAV ist ein Indikator für den Grad, mit dem Bewässerungswasser an Kationenaustauschreaktionen im Boden eingeht. Hohe NAV-Werte kennzeichnen die Gefahr, daß das Natrium im Bewässerungswasser das an Bodenpartikeln adsorbierte Kalzium oder Magnesium austauschen kann und dadurch die Bodeneigenschaften verschlechtert. Das NAV wird auf Grundlage von Analysen von Oberflächenwasser gemäß Gl. 22 berechnet. Das NAV von Grundwasser, das im Gleichgewicht mit dem in der Tiefe vorherrschenden höherem Kohlendioxidgehalt und entsprechend niedrigerem pH-Wert steht, muß entsprechend der an der Oberfläche herrschenden Kalziumkarbonatlöslichkeit und dem höheren Kohlendioxydgehalt korrigiert werden. Dieser Wert ist der korrigierte NAV_{kor}, der mittels eines FORTRAN Programms nach von AYERS & WESTCOT (1976) beschriebenen Methoden berechnet wurde. Das Hydrogenkarbonat der Bodenlösung wird als RNK angegeben (Gl. 23). Bewässerungswasser mit einem RNK-Wert über 2,5 me l^{-1} ist als problematisch, unter 1,25 me l^{-1} als problemfrei zu bezeichnen (WITHERS et al., 1978). Wasser mit hohem Hydrogenkarbonatgehalt

82

führt zu einem Ausscheiden von Kalzium- und Magnesiumkarbonat und reduziert gelöstes Kalzium und Magnesium. Hierdurch erhöht sich das Natriumadsorptionsverhältnis.

$$NAV = \frac{Na^+}{\sqrt{\dfrac{Ca^{2+} + Mg^{2+}}{2}}}$$

(22)

$$RNK = (CO_2 + HCO_3) - (Ca + Mg)$$

(23)

(alle Größen in me l^{-1}).

Das Bewässerungswasser der vier Zuleitungskanäle (Tab. 21, 22) ist nach der bekannten Klassifizierung des UNITED STATES SALINITY LABORATORY (1954) als problemfrei gemäß des NAV, gering bis mittel gefährdend gemäß des Gesamtsalzgehaltes und unproblematisch gemäß des RNK einzustufen.

Tab. 22: Wichtige Ionenverhältnisse von Bewässerungswasser und Grundwasser verschiedener geologischer Formationen

Herkunft der Salze	Na^+:Cl^-	Ca^+:Mg^+	SO_4^{2-}:HCO_3^-	NAV	RNK
Bewässerungswasser					
Le Chasseur Kanal	0.93	0.61	1.18	1.2	-0.2
Robertson Kanal	0.93	0.36	1.23	2.1	-0.5
Angora Kanal	0.92	0.61	1.08	2.5	-0.6
Sanddrift Kanal	0.92	0.60	1.09	2.7	-0.7
Geologie					
Malmesbury	0.83	0.81	0.41	4.5	-2.3
Table Mountain Sandstone	0.39	0.54	0.83	2.0	-0.3
Bokkeveld	0.80	0.89	0.68	4.5	-1.9
Witteberg	0.25	0.43	1.12	7.1	-10.1
Dwyka	0.42	1.20	0.58	4.7	-5.9
Ecca	0.50	0.70	2.07	6.7	-3.8

HEM (1985) spricht dem NAV außer für die Beurteilung zur Güte von Bewässerungswasser nur limitierten geochemische Nutzen zu. Die Verwendung des NAV und RNK als Indikatoren für Lösungs- und Ausfällungsvorgänge zwischen Wassereintrag und Wasseraustrag in einem Einzugsgebiet ist problematisch, weil sich das NAV auch ohne Veränderung der chemischen Zusammensetzung erhöhen oder erniedrigen kann. Mit zunehmendem Salzgehalt gewinnt Natrium Dominanz über Kalzium, weil Natriumsalze löslicher sind als Kalziumsalze. Dies wird ebenfalls durch erhöhte NAV-Werte reflektiert.

Entgegen der Annahme einer Korrelation zwischen mittlerem NAV-Wert der Vorfluter und prozentualen Einzugsgebietsanteilen der Geologie konnte nach einer statistischen Analyse von 34 Einzugsgebieten kein Zusammenhang festgestellt werden. Hierdurch wird die Aussage von HEM (1985) bekräftigt.

Andere Ionenverhältnisse, die hier zur Identifikation von Salzquellen Verwendung finden, sind:

- Na^+ : Cl^- zum Vergleich mit dem typischen Verhältnis von Meerwasser von 0.86 (MAGARITZ *et al.*, 1981) bzw. zur Identifizierung der Grundwasser-erneuerung (ARAD & EVANS, 1987),
- Ca^+ : Mg^+ zur Unterscheidung verschiedener geologischer Formationen (FLÜGEL, 1981; FRITZ, 1983),
- SO_4^{2-} : S Anionen als Indikator von Pyritverwitterung bzw. Gipsdüngung,
- TDS : $Na^+/(Na^++Ca^+)$ in mg l^{-1} zur Unterscheidung der Dominanz von Evapo-konzentration, selektiver Mineralausfällung und atmosphärischer Deposition in einem Einzugsgebiet (GIBBS, 1970),
- SO_4^{2-} : HCO_3^- als Indikatoren von irrigation return flow (HEM, 1985) oder dem Vorkommen von Ecca.

Eine Korrelationsanalyse der Gebietsanteile der vorherrschenden Geologie von 27 Einzugsgebieten gegen chemische Parameter wie TDS, NAV, RNK und verschiedene Ionenverhältnisse der Vorfluter zeigt, mit wenigen Ausnahmen, fehlende bzw. schwache Korrelationen. Es lassen sich folgende Feststellungen machen:

- Je höher die Gebietsanteile von Table Mountain Sandstone sind, desto niedriger sind der Gesamtsalzgehalt und das NAV und desto höher ist das RNK.
- Je höher die Gebietsanteile von Bokkeveld sind, desto niedriger ist das RNK und desto höher sind das NAV und das Ca^+ : Mg^+ Verhältnis.
- Das Na^+ : Cl^- Verhältnis beträgt zwischen 0.77 und 1.16 und läßt sich weder geologischen Formationen noch anderen Faktoren wie Abflußverhältnis, Evapokonzentration oder Landnutzung zuordnen.
- Das Ca^+ : Mg^+ Verhältnis läßt sich schlüssig mit den prozentualen Gebietsanteilen von Bokkeveldschiefern erklären.
- Sulfatanteile der Vorfluter lassen sich nicht durch die vorherrschende Geologie erklären. Anteile von über 10% aller Ionen lassen sich sowohl bei Table Mountain Sandstone dominierten Einzugsgebieten finden als auch bei Einzugsgebieten mit hohen Anteilen an Alluvium, Malmesbury oder Bokkeveld.
- Das SO_4^{2-} : HCO_3^- Verhältnis läßt sich nicht als Indikator von irrigation return flow verwenden, da Werte größer als eins sowohl in unbewirtschafteten Einzugsgebieten mit dominierenden Anteilen an Table Mountain Sandstone oder Bokkeveld als auch in bewässerten Gebieten vorkommen (Abb. 16,

Anhang). Einige der am intensivsten bewässerten Einzugsgebiete (H4H011, H4H019) weisen dagegen niedrige Werte auf.

- Die von MAGARITZ *et al.* (1981) oder OPHORI & TOTH (1989) verwendeten Ionenverhältnisse zur Unterscheidung von Grundwasser-erneuerungsgebieten können wegen des dominierenden Einflusses der geologischen Verhältnisse nicht verwendet werden.
- Die Verhältnisse von TDS : $Na^+/(Na^++Ca^{2+})$ passen nicht in die von GIBBS (1970) verwendete Unterscheidung von Vorflutern, in deren Einzugsgebieten entweder Evapokonzentration, selektive Mineralausfällung oder atmosphärische Deposition dominieren. Dies ist auf die im Vergleich zu anderen Flüssen der Welt außergewöhnlich hohen Natriumgehalte der Flüsse im Untersuchungsgebiet zurückzuführen, wodurch die Werte von $Na^+/(Na^++Ca^{2+})$ zwischen 0.6 und 0.9 liegen.

5.2 Jahreszeitliche Veränderungen der Ionenanteile

Die Untersuchung der jahreszeitlichen Veränderung der prozentualen Ionenanteil gibt Einsicht in die chemische Dynamik. Wenn das Abflußwasser nur Konzentrations- und Verdünnnungsprozessen ohne gleichzeitiger Ausfällungs- und Lösungs- oder Austauschvorgänge unterliegen würde, dürfte es keine jahreszeitliche Veränderung in seiner chemischen Zusammensetzung geben. Abb. 31 stellt die jahreszeitliche Ionenverteilung der Pegel H4H017 und H5H004 im Breede River als Box-Whisker-Diagramme dar. Folgende Aussagen lassen sich hinsichtlich der Ionendynamik ableiten:

- Alle Ionenanteile unterliegen jahreszeitlichen Schwankungen. Die stärkste Saisonalität läßt sich bei Ca^{2+}, Na^+, Cl^- und SO_4^{2-} feststellen.
- Die Variabilität aller Ionen ist bei Pegel H4H017, dem oberhalb des Hauptbewässerungsgebietes liegenden Wehr, deutlich stärker ausgeprägt. Dies könnte auf die bei niedrigeren Salzgehalten stärker ins Gewicht fallenden Analyseabweichungen zurückgeführt werden. Daneben kann die geringere Variabilität der Kationenkonzentration bei H5H004 auch infolge der Pufferung von Kationen durch verstärkte Austauschprozesse im bearbeiteten Boden erklärt werden (REID *et al.*, 1981).
- Das Ansteigen des Natriumanteils bei Pegel H4H017 von 56% im Winter auf 61% im Sommer wird durch ein Abfallen von Kalzium und Magnesium um 3 bzw. 2 % ausgeglichen. Dasselbe gilt für Pegel H5H004, mit dem Unterschied, daß der Magnesiumanteil im Jahr stabil bleibt und die jahreszeitlichen Schwankungen des Natriumanteils ausschließlich von Kalzium ausbilanziert werden. Dies gilt als Hinweis für den verstärkten Austausch von Kalzium gegen Natrium im Boden, insbesondere während der Bewässerungsperiode. Für Kationenaustauschvorgänge im Boden, die über den irrigation return flow auch die Ionenverhältnisse der Vorfluter beeinflussen, sprechen auch die im

Vergleich zu H4H017 um einige Prozent erhöhten Natriumanteile bei H5H-004 bei gleichzeitig niedrigeren Kalzium- und Magnesiumwerten.

- Bei den Anionen lassen sich weniger deutliche Aussagen machen. Pegel H5H004 weist leicht höhere Hydrogenkarbonatanteile und niedrigere Sulfatanteile auf als H4H017. Dieser oberläufig liegende Pegel weist deutlich stärkere Schwankungen des Chloridanteils auf als der unterläufige Pegel. Die erhöhten Hydrogenkarbonatwerte können als Hinweis auf stärkere biologische Aktivität im Oberboden infolge von Landbau und Bewässerung gedeutet werden, wodurch Kohlendioxid aus der Luft aufgenommen und im Boden freigesetzt wird.

Bei Verwendung von bestimmten Ionenverhältnissen werden die jahreszeitlichen Schwankungen verdeutlicht. Eine vergleichende Auswertung der saisonalen Variation der Ionenverhältnisse der Vorfluter zeigt, daß keines der unbewirtschafteten Einzugsgebiete eine signifikante jahreszeitliche Veränderung der chemischen Zusammensetzung erkennen läßt, während Einzugsgebiete mit intensiver Bewässerungswirtschaft wie H3H011, H4H011, H4H016, H4H018 und H4H019 deutliche saisonale Variationen in ihrem Vorfluterchemismus aufweisen. Die Signifikanz der Saisonalität der Ionenverhältnisse wurde mittels dem Kruskal-Wallis Test (PHILLIPS et al., 1989) überprüft. Signifikante jahreszeitliche Veränderungen wurden für folgende Ionenverhältnisse nachgewiesen und können auf nachstehende Prozesse zurückgeführt werden:

- Jahreszeitliche Veränderungen im $Na^+ : Ca^{2+}$ Verhältnis sind durch den Austausch von Kalzium gegen Natrium im Boden erklärbar. In der Bewässerungszeit tendiert dieses Verhältnis gegen ein Minimum, was auf einen verstärkten Kationenaustausch im Boden hindeutet.
- Ein regelmäßiges Minimum im $Ca^{2+} : Mg^{2+}$ Verhältnis während der Bewässerungsperiode ist ebenfalls als Folge von der verstärkten Adsorption von Kalziumionen zu verstehen.
- Das Maximum des $SO_4^{2-} : HCO_3^-$ Verhältnisses zur Bewässerungszeit kann zweierlei Ursachen haben. Entweder nimmt der Sulfatanteil infolge von Gipsdüngung zu, oder der Hydrogenkarbonatanteil nimmt durch die Ausfällung von Kalzium oder Magnesiumkarbonat ab. Die zweite Erklärung trifft insbesondere auf die Einzugsgebiete des Nuy River (H4H020) und Poesjesnels River (H4H018) zu.

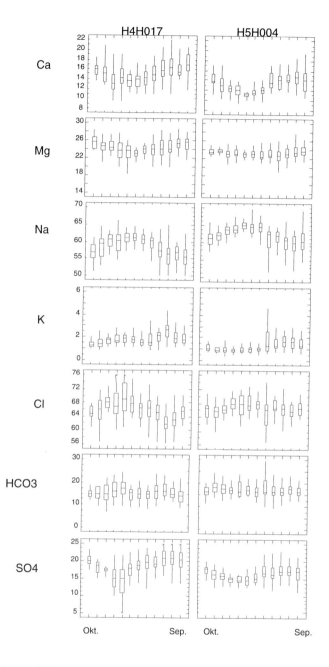

Abb. 31: Jahreszeitliche Veränderung der wichtigsten Ionen bei den Pegeln H4H-017 und H5H004 (%)

5.3 Flußabwärtige Veränderung des Chemismus im Breede River

Verschiedene Profile ausgewählter chemischer Parameter wurden unter Verwendung der zehn im Breede River befindlichen Probenahmestellen erstellt (Abb. 32). Folgt man dem Breede River flußabwärts, so sind stetige Trends oder unregelmäßiges Verhalten einiger Parameter erkennbar:

- Bei den Kationen nimmt Natrium relativ stetig von etwa 50% bis über 60 % zu, während Magnesium, Kalzium und Kalium abnehmen. Flußabwärts nimmt Kalzium am stärksten ab, wodurch die Dominanz von Mg^{2+} über Ca^{2+} zunehmend stärker ausgeprägt ist.
- Die Anionen verändern sich nur unwesentlich.
- Das Verhältnis von Na^+ zu Ca^{2+} verdeutlicht die flußabwärtige Abnahme von Ca^{2+} gegenüber der Zunahme von Na^+. Dieses Verhalten wird zumindest teilweise durch die infolge der Bewässerungswirtschaft hervorgerufene Kationenaustauschprozesse im Boden hervorgebracht (Abb. A17, Anhang).
- Die Erhöhung des NAV bzw. NAV_{korr} ist hauptsächlich auf die Zunahme des Gesamtsalzgehaltes zurückzuführen (vgl. Kap. 5.1). Dieses wird durch die Abnahme des Gesamtsalzgehaltes zwischen Pegel H1H003 und H1H006 und entsprechender Abnahme des NAV-Wertes bestätigt.
- Der leichte Anstieg des Na^+ : Cl^- Verhältnisses kann mit dem Austausch von Kalzium gegen Natrium zu begründen. Da Chlorid nicht an Ausfällungs- und Lösungsprozessen teilnimmt und es nur selten an Oxidations-, Reduktions- oder Adsorptionsreaktionen teilnimmt, ist Chlorid besonders brauchbar, um relative Zu- oder Abnahmen von anderen Ionen zu vergleichen (NORDSTROM *et al.*, 1989).
- Die starke Zunahme des SO_4^{2-} : HCO_3^- Verhältnisses bei Pegel H4H014 ist durch den Zufluß des Hex River mit seinem hohen Sulfatgehalt bei Pegel H2H010 von über 17 % zu erklären. Die anschließend stetige Abnahme ist auf Verdünnung mit Wasser mit niedrigeren Verhältniswerten zurückzuführen.
- Die in Bewässerungsgebieten erwartete Abnahme von Hydrogenkarbonat durch Ausfällung im Boden und Erhöhung des Sulfatgehaltes infolge Gipsdüngung lassen einen Anstieg des Sulfat zu Hydrogenkarbonat-Verhältnisses erwarten. Dieser Trend läßt sich mit den vorliegenden Daten nicht bestätigen. Dies kann als Hinweis gedeutet werden, daß die geologischen Verhältnisse einen stärkeren Einfluß auf die Salzdynamik der Vorfluter ausüben können als die Bewässerungswirtschaft.

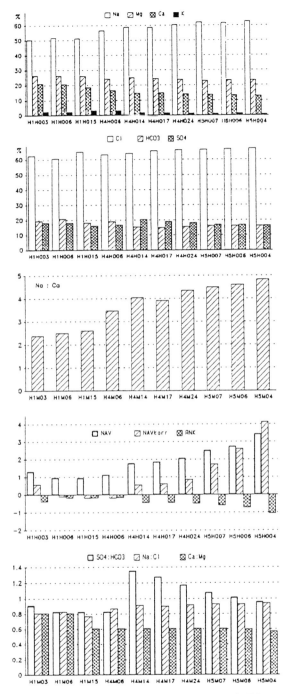

Abb. 32: Veränderung des Chemismus entlang des Breede River

5.4   Trendanalyse von Ionen, Ionenverhältnisse und Ionenfracht

Der zeitliche Trend einzelner Ionen entspricht generell dem des Ge-
samtsalzgehaltes. In unbewirtschafteten Einzugsgebieten sind über die vorliegenden
Beobachtungszeiträume keine signifikanten Trends der Ionenverhältnisse
festzustellen. Im Gegensatz dazu wurden bei einigen Einzugsgebieten, die einen
relativ intensiven Bewässerungslandbau aufweisen, signifikante Trends ermittelt.
Die zeitliche Änderungen der chemischen Zusammensetzung wird auf die
Expansion bzw. Veränderung der Bewässerungswirtschaft zurückgeführt. Der
Poesjenels River eignet sich wegen langfristiger und dichter Datenmenge
hinsichtlich seines Chemismus und Abflusses besonders für die Untersuchung
zeitlicher Trends. Die Pegel H4H017 und H5H004 im Breede River werden dafür
verwendet, eventuell auftretende langzeitige Veränderungen ober- und unterhalb
des Hauptbewässerungsgebietes festzustellen. Dabei stehen folgende
Fragestellungen hinsichtlich des Einflusses der Bewässerungswirtschaft auf die
Veränderung des Vorfluterchemismus im Vordergrund:

- Gibt es eine Erhöhung des Sulfatanteils, der infolge der im
  Untersuchungsgebiet verbreiteten Gipsdüngung erwartet werden kann?
- Erniedrigt sich der Hydrogenkarbonatanteil im Vorfluter infolge erhöhter
  Ausfällung im Boden, die infolge einer Herabsetzung der Auswaschungsrate
  durch den steigenden Einsatz von effizienteren Bewässerungsmethoden zu
  erwarten ist?
- Nimmt der Nitratgehalt zu?

Obwohl bei Pegel H4H018 (Poesjenelas River) kein signifikanter Trend im
Sulfatanteil vorliegt, ist ein signifikanter (Sicherheitswahrscheinlichkeit 95%)
positiver Trend bei Pegel H5H004 von jährlich 2,6 % festzustellen. Ein nicht
signifikanter, schwacher negativer Trend des Sulfatanteils bei Pegel H4H017 deutet
darauf hin, daß der positive Trend des Sulfatanteils zwischen diesen beiden Pegeln
im Breede River durch verstärkte Gipsdüngung zustandekommt. Da Information
über das Ausmaß der Gipsdüngung noch nicht einmal annäherungsweise für die
einzelnen Einzugsgebiete vorliegen, läßt sich diese Aussage nicht qualifizieren.

Bei Pegel H4H018 liegt ein signifikanter, negativer Trend des Hydrogenkarbonatanteils von jährlich 4,0 % vor (Sicherheitswahrscheinlichkeit 95%). Dieser Trend
wird besonders beim $Cl : HCO_3$ Verhältnis deutlich (Abb. 33). Die Ursache dieses
Trends wird darin gesehen, daß sich die Auswaschungsrate im Poesjenelseinzugsgebiet durch den weitverbreiteten Ersatz von Sprinklerbewässerung gegen
Tröpfchenbewässerung erniedrigt hat. Daneben wird ein gewisser Einfluß der Trockenperiode in der zweiten Hälfte der elfjährigen Beobachtungsperiode erwartet.
Hierdurch wird Hydrogenkarbonat verstärkt unterhalb der Wurzelzone ausgefällt
(SUAREZ & RHOADES, 1977).

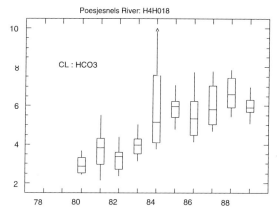

Abb. 33: Trend des Cl : HCO$_3$ Verhältnisses bei Pegel H4H018

Auch im Breede River wird zwischen den Pegeln H4H017 und H5H004 eine zeitliche Abnahme des Hydrogenkarbonatanteils verzeichnet. Einem jährlichen Trend von -0,77 % (Sicherheitswahrscheinlichkeit 80 %) bei H4H017 steht ein Trend von jährlich -1,84 % (Sicherheitswahrscheinlichkeit 95 %) bei H5H004 gegenüber.

Der Poesjenels River weist keinen Trend im Nitratanteil auf. Dagegen ist ein positiver Trend des Nitratanteils von jährlich 1,9 % zwischen den Pegeln H4H017 und H5H004 bei einer Sicherheitswahrscheinlichkeit von 90 % festzustellen. Diese Zunahme kann nur auf erhöhte Düngung zurückgeführt werden. Da jedoch keine ausreichenden Daten zu Art und Menge der verwendeten Dünger vorliegen, bleibt diese Aussage spekulativ.

Die Berechnung der Ionenfracht ist mit Schwierigkeiten verbunden, wie bereits in Kap. 4.5.5 diskutiert wurde. Die Ionenfracht verhält sich zur Salzfracht wie die Ionenanteile (in mg l^{-1}) zum Gesamtsalzgehalt (in mg l^{-1}). Für die Untersuchung der Ionenfracht werden die Pegelstationen herangezogen, die über eine möglichst lückenlose und langfristige Datenreihe hinsichtlich Ionenkonzentration und Abfluß verfügen. Tab. 23 und 24 listet die Ergebnisse für exemplarische Pegel auf.

Ein deutlicher Trend wird bei der Hydrogenkarbonatfracht des Poesjenels River offenbar. Die Ursache hierfür wird in einer zunehmenden Ausfällung von Hydrogenkarbonat gesehen, wie bereits oben erwähnt wurde. Die stärkere Abnahme der Natriumfracht gegenüber der Kalziumfracht wird als Hinweis der oben angeführten Kationenaustauschprozesse gedeutet. Die Chloridfracht nimmt als einzige im Poesjenels River zu und ist auch die am stärksten ausgeprägte (Sicherheitswahrscheinlichkeit 95 %). Diese Zunahme läßt sich mit der Verringerung des Oberflächen- und Zwischenabflusses infolge einer Abnahme des Niederschlages und Verringerung der Auswaschungsrate im Beobachtungszeitraum und gleichzeitiger Verlängerung des Kontaktes von perkolierendem Wasser mit chloridreichem Gestein erklären. Eine Zunahme der Nitratfracht läßt auf erhöhte Düngung schließen.

Tab. 23: Ionenfracht und Trends bei zwei Nebenflüssen mit Bewässerungs-wirtschaft

Ion	Poesjenels River bei H4H018 (1986 - 1990)			Keisers River bei H4H016 (1979 - 1988)		
	Trend in t a^{-1}	Jährl. Trend in % des Mittelwertes	Sicherheits-wahrschein-lichkeit in %	Trend in t a^{1}	Jährl. Trend in % des Mittelwertes	Sicherhcits-wahrschein-lichkeit in %
Ca^{2+}	-0.10	-0.55	< 80	-0.088	-1.30	80
Na$^+$	-1.05	-0.85	< 80	-1.200	-2.40	90
Cl$^-$	0.525	0.264	95	-1.806	-2.63	95
HCO$_3^-$	-2.23	-3.97	< 80	-0.675	-2.01	80
SO$_4^{2-}$	-0.11	-0.19	< 80	-0.355	-1.54	< 80
NO$_3^-$	0.00025	0.18	< 80	-0.00072	-0.313	95

Tab. 24: Trends der Ionenfracht für zwei Pegel im Breede River

Ion	Breede River bei H4H017 (1981 - 1989)			Breede River bei H5H004 (1981 - 1989)		
	Trend in t a^{-1}	Jährl. Trend in % des Mittelwertes	Sicherheits-wahrschein-lichkeit in %	Trend in t a^{-1}	Jährl. Trend in % des Mittelwertes	Sicherheits-wahrschein-lichkeit in %
Ca^{2+}	-2.54	-0.80	< 80	-7.74	-1.04	80
Na$^+$	-4.50	-0.36	< 80	-53.57	-1.85	90
Cl$^-$	-10.14	-0.46	< 80	-73.17	-1.57	80
HCO$_3^-$	-10.00	-0.12	< 80	-30.26	-1.43	95
SO$_4^{2-}$	-8.35	-0.87	< 80	-22.30	-1.25	< 80
NO$_3^-$	0.142	0.61	80	-0.00157	-0.004	< 80

Im Keisers River verringert sich die Fracht von Chlorid, Natrium und Hydrogen-karbonat relativ gleichwertig. Die geringere Abnahme der Kalziumfracht gegenüber der Natriumfracht läßt wieder auf erhöhte Austauschvorgänge schließen. Wie beim Poesjenels River sind auch hier der Trend der Sulfatfracht am geringsten und die der Chlorid- und Nitratfracht am stärksten ausgeprägt.

Der Vergleich der Trends der Ionenfracht bei den Pegeln H4H017 und H5H004 im Breede River macht einen stärkeren und signifikanteren Trend bei H5H004 erkennbar (Tab. 24). Während die Kalziumfracht gegenüber der Natriumfracht bei H4H017 stärker abnimmt, nimmt sie bei H5H004 stärker zu. Dies wird wiederum als Indiz für verstärkte Austauschvorgänge zwischen beiden Pegeln gewertet. Weiterhin läßt die größere Abnahme der Hydrogenkarbonatfracht bei H5H004 auf erhöhte Ausfällungsprozesse schließen. Der relativ zu anderen Trends geringe und nur schwach signifikante Trend der Sulfatfracht bei H5H004 deutet darauf hin, daß die Hauptquelle von Sulfat eher in der Geologie oder dem atmosphärischen Eintrag (Tab. 21) liegt als in Gipsdüngung.

5.5   Abflußbedingte Veränderung der chemischen Zusammensetzung

Die Untersuchung der Veränderung der chemischen Zusammensetzung beim Durchgang eines Hydrographen ist bei wöchentlicher bzw. monatlicher Probennahme nicht durchführbar, da die Dauer der Abflußereignisse bei den Nebenflüssen im Bereich von Stunden oder Tagen und im Breede River bei Tagen und höchstens wenigen Wochen liegt. Um eine Abschätzung der abflußbedingten Veränderung der chemischen Zusammensetzung durchzuführen, wurden, soweit vorhanden, Ionenanteile und Ionenverhältnisse den logarithmierten Abflußwerten gegenübergestellt. Eine Korrelationsanalyse zwischen Abfluß bzw. Pegelstand und Ionenanteile sowie Ionenverhältnisse offenbart z. T. enge Beziehungen (Tab. 25). Diese eröffnen weitere Informationen über die Herkunft der Salze.

Mit Ausnahme des Poesjesnels River nehmen bei allen untersuchten Pegelstationen Natrium- und Chloridanteile mit zunehmendem Abfluß ab und Kalzium- und Kaliumanteile sowie in vermindertem Maße Hydrogenkarbonat- und Sulfatanteile zu. Dies bedeutet, daß Natrium und Chlorid vorwiegend als Basisabfluß transportiert werden und daß diese Ionen überwiegend durch Lösungsprozesse im Grundwasser abstammen. Die Tatsache, daß die Kalziumanteile bei Pegel H5H004 zu 66% durch die Abflußhöhe erklärbar sind, kann u. a. auf die Verbreitung der Enonkonglomerate mit ihren charakteristischen Kalkablagerungen (Caliche) zurückgeführt werden.

Beim Poesjesnels River werden hinsichtlich der Dynamik von Natrium und Kalzium umgekehrte Verhältnisse deutlich. Hier stammt das Natrium eher aus Verwitterungsrückständen im Oberboden oder von Depositionsrückständen infolge atmosphärischer Deposition ab. Das Kalzium dagegen hat nach Untersuchungen von GREEF (1990) seinen Ursprung vorwiegend infolge Kontakt mit der vorherrschenden geologischen Formationen und wird mit dem Grundwasser in den Vorfluter eingespeist.

Die überall auftretende Erhöhung der Hydrogenkarbonatanteile bei stärkeren Abflüssen sind auf die höheren Kohlendioxidgehalte im Oberboden zurückzuführen. Ein wichtiger Beitrag von Kalium und Sulfat wird, wie insbesondere bei Pegel H5H004 deutlich wird, bei hohen Abflüssen geleistet. Dies gilt als Hinweis für Düngung mit Gips und Kalium.

Die schwachen Korrelation bei Stationen mit niedrigem Salzgehalt, wie exemplarisch für Pegel H1H017 in Tab. 25 dargestellt ist, ist mit der starken Dominanz des atmosphärischen Eintrags als Hauptquelle der Salze zu begründen. Eine Korrelation zwischen logarithmiertem Pegelstand und Ionenanteilen führte im Vergleich zur Verwendung der Abflußwerte in seltenen Fällen zu einer etwas engeren Korrelation und häufig zu einer schwächeren Korrelation.

Tab. 25: Korrelationen zwischen Abfluß bzw. Pegelstand und Ionen für ausgewählte Pegel

Ion	Breede River bei H4H017		Breede River bei H5H004		Nuy River bei H4H020 (Pegelhöhe)		Poesjesnels River bei H4H018		Elands River bei H1H017	
	r	S (%) [1]	r	S (%)	r	S (%)	r	S (%)	r	S (%)
Na$^+$	-0.61	99	-0.78	99	-0.75	99	0.51	99	-0.12	80
Mg^{2+}	0.23	99	-0.07	< 80	0.14	90	-0.49	99	0.08	< 80
Ca^{2+}	0.51	99	0.81	99	0.72	99	-0.44	99	0.18	95
K$^+$	0.61	99	0.73	99	0.26	99	0.04	< 80	-0.09	< 80
Cl$^-$	-0.42	99	-0.41	99	-0.22	99	-0.15	95	-0.30	99
HCO$_3^-$	0.24	99	0.12	95	0.38	99	0.08	< 80	0.05	< 80
SO$_4^{2-}$	0.20	95	0.46	99	-0.11	80	0.11	90	0.21	95

[1] S = Sicherheitswahrscheinlichkeit

5.6 Abschätzung des Salzeintrages durch Bewässerungswasser

Um den Anteil der Salze, die durch Bewässerungswasser in Teileinzugsgebiete eingeführt werden, in seiner Größenordnung abschätzen zu können, werden die veranschlagte Bewässerungswassermenge mit ihrem Salzgehalt und der Salzfracht aus dem Teileinzugsgebiet kombiniert. Außer der Zuleitung durch die Hauptbewässerungskanäle wird Bewässerungswasser aus Farmdämmen, die Oberflächenwasser sammeln, und in seltenen Fällen aus Bohrlöchern oder direkt aus dem Breede River gepumpt. Die Quantifizierung der importierten Bewässerungswassermenge ist problematisch, da nur lückenhafte Daten über die Herkunft und Menge des verwendeten Bewässerungswassers vorliegen. Die Abschätzung wird beispielhaft für zwei Einzugsgebiete, den Poesjesnels und den Keisers River, durchgeführt, da für diese Einzugsgebiet eine Landnutzungskartierung durchgeführt wurde (eine Landnutzungskarte liegt in Abb. A18 im Anhang vor).

In beiden Fällen wird angenommen, daß sämtliches Bewässerungswasser aus dem Le Chasseur Kanal gespeist wird, der einen ausgesprochen niedrigen Salzgehalt aufweist. Außerdem wird angenommen, daß alles Bewässerungswasser der untersuchten Teileinzugsgebiet aus Quellen außerhalb des Einzugsgebietes stammt. Dabei gelten folgende Bewässerungswassermengen, die sich durch Gespräche und Fragebogenaktionen mit Farmern in diesen Einzugsgebieten ergeben haben:

- Wein 675 mm a^{-1},
- Obst 785 mm a^{-1},
- Luzerne, Weide etc. 875 mm a^{-1}.

Diese Beispielrechnung stellt die Größenordnung des Ioneneintrages infolge Bewässerungswirtschaft heraus. Die prozentualen Anteile des Ioneneintrages von Kalzium, Kalium und Chlorid unterscheiden sich deutlich von den anderen Ionen.

Offenbar wird ein großer Anteil an eingetragenem Kalzium im Einzugsgebiet adsorbiert und stellt daher einen hohen prozentualen Eintragsanteil dar. Da in beiden Einzugsgebieten hohe Gebietsanteile aus Bokkeveld bestehen und dies eine wichtige Quelle an Chlorid darstellt, fällt der Chlorideintrag durch Bewässerung relativ schwach aus. Der Kaliumeintrag durch Bewässerung ist höher als der Austrag. Hieraus wird deutlich, daß das im Bewässerungswasser gelöste Kalium eine wichtige Quelle dieses Nährstoffes darstellt.

Tab. 26: Ioneneintrag durch Bewässerung für verschiedene Landnutzungen

Ion	Wein kg ha^{-1} a^{-1}	Obst kg ha^{-1} a^{-1}	Andere (Luzerne, Weide etc.) kg ha^{-1} a^{-1}	Ioneneintrag in Poesjesnels Einzugsgebiet (t a^{-1})	Ioneneintrag in Poesjesnels Einzugsgebiet (% des mittl. Ionenaustrags)	Ioneneintrag in Keisers Einzugsgebiet (t a^{-1})	Ioneneintrag in Keisers Einzugsgebiet (% des mittl. Ionenaustrages)
Na$^+$	82.6	96.0	107.0	275.1	18.6	92.4	15.4
Mg^{2+}	19.0	22.1	24.6	63.2	16.7	21.3	14.5
Ca^{2+}	21.9	25.4	28.4	72.9	33.2	24.5	30.3
K$^+$	7.7	8.9	10.0	25.7	196.2	8.5	126.5
Cl$^-$	146.5	170.3	190.0	488.2	20.5	164.0	19.9
HCO$_3^-$	57.2	66.5	74.1	190.5	28.2	63.9	15.8
SO$_4^{2-}$	59.3	68.9	76.8	197.4	8.3	66.4	8.1

In die Poesjesnels und Keisers Einzugsgebiete werden mit den Niederschlägen etwa 1335 bzw. 1723 t a^{-1} an Salzen eingetragen, während bei den oben beschriebenen Bedingungen mit dem Bewässerungswasser etwa 920 bzw. 815 t a^{-1} zusätzlich eingetragen werden. Die im Bewässerungswasser gelösten und in die Einzugs-gebiete importierten Salze tragen, unter den gegebenen Voraussetzungen, zu etwa 40 bzw. 32 % zum Salzeintrag bei. Würde Bewässerungswasser mit höheren Salzkonzentrationen verwendet, z. B. Wasser aus dem Sanddrift Kanal, würden sich diese Werte auf 80 bzw. 72 % erhöhen. Inwieweit infolge Bewässerung zusätzliche Salze aus dem Boden gelöst bzw. akkumulierte Salze ausgewaschen werden, läßt sich im Rahmen der vorliegenden Arbeit nicht feststellen. Düngergaben sind nicht bekannt. Es wird angenommen werden, daß der Eintrag von Düngern gegenüber dem atmosphärischen Eintrag und der Lösung von Salzen unwesentlich ist.

Da sämtliches Bewässerungswasser im Untersuchungsgebiet gesammeltes Niederschlags-, Abfluß- oder Grundwasser ist, gibt es im 6700 km^2 umfassenden Untersuchungsgebiet keinen zusätzlichen Salzeintrag infolge Bewässerungs-wirtschaft. In den semi-ariden Regionen des Breede River Tales reichen die Niederschläge nicht aus, alle infolge von Verwitterung freigesetzten Salze aus dem Boden zu spülen. Die Folge ist eine Akkumulation dieser Salze im Boden, die, wenn sie unter Bewässerungskultur genommen werden, leicht ausgespült werden können. Der Einfluß der Bewässerungswirtschaft auf die Salzdynamik der Vorfluter begrenzt sich daher auf erhöhte Evapokonzentration bei der Verteilung und Aufbringung des Bewässerungswassers und verstärkte Lösung oder Ausspülung von akkumulierten Salzen im Boden bzw. verstärkte Verwitterung durch perkolierendes Wasser.

6. ANWENDUNG DES GEO-INFORMATIONSSYSTEMS ARC/ INFO

Die Fähigkeit eines Geo-Informationssystems (GIS), raumbezogene Daten und Informationen verschiedener Inhalte aufzunehmen, zu speichern, zu manipulieren und zu analysieren (ESRI, 1990) machen es zu einem herausragenden Werkzeug für einen weiten Anwendungsbereich in der Geographie. Die Rolle von GIS zur Erklärung und zum Management wasserbezogener Systeme auf Einzugsgebietsebene wurde erst vor wenigen Jahren erkannt (Van RIET, 1992; DFG, 1992) und GIS-Anwendungen gewinnen Jahr für Jahr an Bedeutung (JENSON, 1991; VIEUX, 1991), so auch in Südafrika (GOULTER & FORREST, 1987; ARNOLD *et al.*, 1989, LYNCH, 1989; KIENZLE & TARBOTON, 1992). Hier soll kurz die Bedeutung und Anwendung von GIS in dieser Arbeit im Hinblick auf die Versalzungsforschung behandelt werden.

Für das Untersuchungsgebiet lagen bereits die Raster mit Niederschlags-, Evapotranspirations- und Höhendaten (Abb. 2, 3, 4) sowie die Landsat-Bewässerungskarte (Abb. A5) in digitaler Form vor. Es wurden zusätzlich folgende Daten/Informationen für das Untersuchungsgebiet digitalisiert:

- Einzugsgebietsgrenzen (1:50.000),
- Flußläufe (1:50.000),
- Geologie (1:500.000).

Für drei ausgewählte Einzugsgebiete (Vink, Poesjesnels und Keisers River) wurden darüber hinaus auch diese Informationen in digitale Form gebracht:

- Höhenlinien (1:50.000),
- Landnutzung (1:50.000),
- Böden (1:100.000).

6.1 Bestimmung hydrologischer und anderer physisch-geographischer Parameter

Für die Aufnahme, Abspeicherung und Manipulation dieser Daten wurde das GIS ARC/INFO 6.1 (ESRI, 1990) verwendet. Bei der Digitalisierung von Einzugsgebietsgrenzen wird automatisch die Gebietsgröße berechnet und abgespeichert.

96

Die Verknüpfung von Einzugsgebietsgrenzen mit dem Niederschlagsraster eröffnete die Bestimmung des Gebietsniederschlags (vgl. Kap. 4.2.1). Das Überlagern von Einzugsgebietsgrenzen und Geologie (Abb. A2) brachte die prozentualen Anteile der verschiedenen geologischen Formationen pro Einzugsgebiet hervor (Tab. A1). Die Güte der mittels Landsat-Aufnahmen erhobenen Bewässerungskarte (Abb. A5) wurde durch Übereinanderlegen mit der im Feld aufgenommenen Landnutzungskarte für drei Einzugsgebiete überprüft. Es zeigte sich, daß Landsat-Aufnahmen die räumliche Verbreitung des Bewässerungslandbaus im Untersuchungsgebiet hinreichend erfassen. Abb. A19 (Anhang) zeigt exemplarisch die im Felde kartierte Landnutzung eines Einzugsgebietes mit überlagerten Bewässerungsgebieten, wie sie von Landsat-Aufnahmen klassifiziert wurden (KIENZLE, 1989). Die Kartierung erbrachte eine Bewässerungsfläche von 2692 ha, während die Klassifizierung der Satellitenaufnahme 1894 ha als Bewässerungsflächen identifizierte. Hieraus wird ersichtlich, daß die Erfassung der Bewässerungsflächen von Landsat-Aufnahmen für Untersuchungen auf Einzugsgebietsebene nicht ausreicht. Daher wurde hier auf eine Verknüpfung der Bewässerungskarte mit Einzugsgebietsgrenzen zur Bestimmung der absoluten und relativen Bewässerungsflächen pro Einzugsgebiet verzichtet.

Anhand der digitalisierten Höhenlinien und Topographischen Punkte wurden Höhenmodelle (TIN = triangular irregular network) erstellt, die sich aus beliebigen Blickwinkeln und in verschiedenen Perspektiven darstellen lassen. In Abb. A1 ist beispielhaft das Untersuchungsgebiet mit eingezeichneten Grenzen und Vorflutern dargestellt. Die Überlagerung der geologischen Karte über die 3-D-Darstellung (Abb. A2, A20) ergibt den Zusammenhang zwischen Topographie und Geologie des Untersuchungsgebietes und erleichtert das Verständnis physisch-geographischer Verhältnisse. Basierend auf dem Höhenmodell lassen sich Hangneigungskarten berechnen. Hierfür werden zunächst die Neigungswinkel aller Dreiecke berechnet und anschließend in geomorphologisch sinnvolle Klassen eingeteilt und als Neigungskarte ausgedruckt (Abb. A21).

Durch die Verschneidung raumbezogener physisch-geographischen Daten werden neue Informationen gewonnen, wie z. B. Gebietsanteile von Landnutzung, Geologie (Tab. A1), Böden, Hangneigung sowohl auf Einzugsgebietsebene als auch in sogenannten Pufferzonen verschiedener Entfernung vom Vorfluter, wie sie z. B. von OSBORNE & WILEY (1988) Anwendung fand. Diese Art der Untersuchung wird jedoch erst sinnvoll, wenn entweder alle notwendigen Daten für eine größere Anzahl von Einzugsgebieten vorhanden sind oder ein weit dichteres Datennetz, als es für diese Arbeit vorliegt, für exemplarische Einzugsgebiete verarbeitet werden kann.

6.2   Darstellung von Ergebnissen mittels GIS

Durch Verknüpfung der in dieser Arbeit tabellarisch erfaßten Ergebnisse mit den digitalisierten Einzugsgebietsgrenzen lassen sich die räumlichen Verteilungen beliebiger Parameter bzw. Variablen in Form von Karten darstellen. Hierzu wurden die Werte aus verschicdenen Tabellen in ARC/INFO geladen und nach Einteilung in Klassen und Wahl eines Farbkodes als Karten ausgedruckt. Einzugsgebietsgrenzen oder Flußläufe wurden hinzugefügt.

Diese Form der Wiedergabe erhöht den Informationswert und verdeutlicht räumliche Zusammenhänge. Im Anhang sind die wichtigsten Ergebnisse der vorliegenden Arbeit in einem Kartenkatalog zusammengefaßt.

7.   ZUSAMMENFASSUNG UND AUSBLICK

Die vorliegende Arbeit untersucht die Salzdynamik von Vorflutern im Breede River Einzugsgebiet in der westlichen Kapprovinz in Südafrika. Das Untersuchungsgebiet umfaßt die oberen 6700 km^2 des Breede River Einzugsgebietes und wurde entsprechend der durch die nationale Wasserbehörde unterhaltenen Pegel- und Probenahmestellen in 52 Einzugsgebiete zwischen 909 und 2.2 km^2 unterteilt (Abb. 9). Ein wesentlicher Teil der Arbeit ist es, die räumlichen Unterschiede hinsichtlich Gebietsniederschlag, Niederschlags-Abfluß-Verhältnis, Salzkonzentration und -zusammensetzung, atmosphärischen Salzeintrag, Salzaustrag, Salzproduktion sowie Einflüssen der Evapokonzentration, Geologie und Bewässerungswirtschaft quantitativ zu beschreiben. Die zeitlichen Veränderungen von Salzgehalt und -zusammensetzung wurden für die Dauer von Abflußereignissen, Abflußjahren und über eine Beobachtungsperiode von bis zu 12 Jahren vergleichend bearbeitet. Ein Schwerpunkt der Arbeit ist es, die Abhängigkeit der Salzkonzentration und -zusammensetzung vom Abfluß zu quantifizieren sowie Hystereseeffekte darzustellen und eine Abflußkomponentenseparation unter Verwendung der vorliegenden Salzdaten durchzuführen. Weiterhin stand die Diskussion der in der Literatur verwendeten unterschiedlichen Analyseverfahren und deren Eignung für die Fragestellung im Vordergrund.

Als Datengrundlage stehen neben den physisch-geographischen Daten der untersuchten Einzugsgebiete wie Klima, Geologie und Böden auch Landnutzungskartierungen und Zeitreihen (1978-1989) von Wasserinhaltsstoffen und Vorfluterabflüssen zur Verfügung. Die Abflußmessungen wurden routinemäßig von der nationalen Wasserbehörde (Department of Water Affairs) auf kontinuierlicher Basis durchgeführt. Die chemischen Wasseruntersuchungen basieren auf monatlicher, wöchentlicher oder täglicher Beprobung. Alle Meßwerte wurden mit eigens entwickelter EDV-Programme aufbereitet und ausgewertet.

Zum besseren Verständnis sollen die im Kapitel 1.3 formulierten Zielsetzungen der Arbeit noch einmal schwerpunktmäßig aufgelistet werden:

1. Untersuchung der Versalzungsdynamik von 52 Vorflutern.
2. Bestimmung des Gebietsniederschlags und des atmosphärischen Salzeintrags sowie Bewertung seiner Relevanz für den Salzgehalt der Vorfluter.
3. Untersuchung des Hystereseeffektes sowie Abflußkomponentenseparation ausgewählter Pegelstellen.
4. Verknüpfung natürlicher Tracerionen und Ionenverhältnisse mit Abflußdaten zur Abgrenzung der Salzeintragsquellen (engl.: "chemical fingerprinting").
5. Einbeziehung eines Geo-Informationssystems (GIS) zur Erfassung und Quantifizierung von Einzugsgebietskennwerten und Darstellung raumbezogener Ergebnisse.

Im folgenden werden die Ergebnisse zusammenfassend dargestellt.

Die statistischen Kennwerte und Häufigkeitsverteilungen aller Gesamtsalzgehaltswerte wurden für 52 Einzugsgebiete tabellarisch zusammengestellt (Tab. 12). Die verschiedenen Vorfluter weisen mittlere Salzgehalte zwischen 21 und ca. 3000 mg l^{-1} auf. Sie wurden gemäß der Wahrscheinlichkeit, einen bestimmten Salzgehalt in 10 % der Zeit zu überschreiten, klassifiziert (Abb. A3 - A5). Die entsprechenden Salzgehaltswerte betragen in Klasse 1 weniger als 100 mg l^{-1} und treten vorwiegend in niederschlagsreichen Gebirgsregionen mit Quarziten und Sandsteinen auf. Einzugsgebiete, die in 10 % der Zeit 2500 mg l^{-1} überschreiten (Klasse 5), werden entweder intensiv durch Bewässerungswirtschaft genutzt oder weisen hohe Anteile an salzreichen geologischen Formationen auf. Die Salzgehalte unterliegen mit Variationskoeffizienten von 19 bis 104 % z. T. starken zeitlichen Schwankungen. Diese sind ursächlich auf den Verdünnungseffekt während der Hochwasserereignisse zurückzuführen. Die Untersuchung der Salzgehalt-Abfluß-Beziehung von 34 Pegeln ergibt, daß diese Beziehung mit steigendem mittlerem Salzgehalt zunehmend enger wird (Abb. 20). Nur vier von 34 Stationen weisen Bestimmtheitsmaße über 50 % auf, und 17 Stationen haben Bestimmtheitsmaße unter 10 %. Es wurden fünf charakteristische Salzgehalt-Abfluß-Beziehungen unterschieden und beschrieben (Abb. 19, Tab. 16).

Die jahreszeitlichen Schwankungen des Salzgehaltes wurden charakterisiert und qualifiziert. Von drei verwendeten Verfahren zur Erfassung und Darstellung der saisonalen Schwankungen eignen sich sowohl die Darstellung als sogenannte Box-Whisker-Diagramme als auch die Analyse der Autokorrelationen (Abb. 15). Ein Maximum des Salzgehaltes im niederschlagsarmen Sommer wurde für sieben Einzugsgebiete festgestellt (Abb. A9). Drei Einzugsgebiete weisen ein Maximum in der winterlichen Regenzeit auf. Beim Großteil der Einzugsgebiete konnte keine signifikante jahreszeitliche Veränderung des Salzgehaltes festgestellt werden.

99

Die Grundlage der Errechnung des mittleren Gebietsniederschlages bilden einerseits die vom Department of Agricultural Engineering, University of Natal, errechneten Niederschlagswerte, die für Rasterzellen mit einer Zellgröße von einer mal einer Minute (hier: etwa 1.6 mal 1.6 km) vorliegen, und andererseits die vorliegenden digitalen Einzugsgebietsgrenzen. In den bis 1800 m hohen, durch Quarzite und Sandsteine gekennzeichneten Einzugsgebieten im oberen Bereich des Untersuchungsgebiets wurden Gebietsniederschläge zwischen 1300 und 1600 mm pro Jahr mit Niederschlags-Abfluß-Verhältnissen zwischen 30 und 70 % ermittelt (Tab. 13, Abb. A10). Im krassen Gegensatz dazu stehen die Einzugsgebiete im Zentrum und Nordosten des Untersuchungsgebietes, wo Gebietsniederschläge zwischen 276 und etwa 500 mm pro Jahr bei Niederschlags-Abfluß-Verhältnissen zwischen 0.7 und etwa 10 % festgestellt wurden. Das Untersuchungsgebiet weist insgesamt einen mittleren Gebietsniederschlag von 636 mm pro Jahr mit einem Abflußkoeffizienten von 21.5 % auf. Der Abflußkoeffizient hängt maßgeblich vom Gebietsniederschlag ab (Bestimmtheitsmaß: 63%).

Durch die Verknüpfung des Gebietsniederschlags mit dem auf Meßwerten beruhenden überschlägig bestimmten Salzgehalt des Niederschlags (Abb. 17) wurde der Salzeintrag durch nasse atmosphärische Deposition bestimmt. In Küstennähe gelegene Einzugsgebiete (ca. 50 bis 70 km Entfernung zum Atlantik) mit hohen Niederschlägen weisen einen jährlichen Salzeintrag von 150 bis 250 kg ha^{-1} auf (Abb. A11). In niederschlagsarme und relativ küstenferne Einzugsgebiete werden jährlich etwa 40 bis 80 kg ha^{-1} an Salzen eingetragen. Der Stoffeintrag ist mit einem Bestimmtheitsmaß von 98 % erwartungsgemäß eng mit dem Gebietsniederschlag korreliert.

Die ungünstigen Niederschlags-Abfluß-Verhältnisse führen zu einer z. T. sehr starken Evapokonzentration, d. h. die infolge Evapotranspiration hervorgerufene natürliche Erhöhung des Salzgehaltes, die sich zwischen Niederschlag und Abfluß ereignet. Hierdurch nimmt im Untersuchungsgebiet der Salzgehalt des eingetragenen Niederschlages von überschlägig berechneten 9 bis 14 mg l^{-1} (Abb. 17) auf 55 mg l^{-1} zu. In den ariden Einzugsgebieten erhöht sich der Salzgehalt auf diese Art und Weise auf 100 bis 500, und im Extremfall auf über 1000 mg l^{-1} (Tab. 15), was insbesondere die Bedeutung von atmosphärischem Eintrag und anschließender Evapokonzentration bei Einzugsgebieten ohne landwirtschaftliche Nutzung deutlich macht. Dies wird dadurch bestätigt, daß in Einzugsgebieten, die einen hohen Flächenanteil an Bewässerungswirtschaft aufweisen, der Anteil an atmosphärischem Stoffeintrag mit Werten zwischen 14 und 38 % auffallend gering ist. Eine Korrelationsanalyse des mittleren Salzgehalts der Vorfluter infolge atmosphärischem Stoffeintrag und anschließender Evapokonzentration gegenüber dem gemessenen Salzgehalt ergibt ein Bestimmtsheitsmaß von 61 % (Abb. 18).

Die Untersuchung des Salzgehaltes in Abhängigkeit einzelner Abflußereignisse ergibt, daß gewöhnlich der Salzgehalt des ansteigenden Hydrographenastes höher

100

ist als der des abfallenden Astes. Dieses Verhalten repräsentiert eine Hystereseschleife im Uhrzeigersinn (Abb. 22). Es ließen sich keine Gesetzmäßigkeiten hinsichtlich des Einflusses von Jahreszeit oder Abflußscheitel auf die Form der Hystereseschleifen herausstellen. Eine Analyse der jahreszeitlichen Hystereseschleifen, basierend auf monatlichen Mittelwerten von Salzgehalt und Abfluß, erbrachte gewisse Gesetzmäßigkeiten. Im März wurden bei allen sechs untersuchten Pegeln die höchsten Salzgehaltswerte bei niedrigstem Abfluß verzeichnet. Der Vergleich der jahreszeitlichen Hystereseschleifen zweier Pegel im Breede River zeigte bei gleichwertigen Abflüssen sehr unterschiedliche Salzkonzentrationen (Abb. 24). Dies wird auf die zwischen beiden Pegeln befindlichen Wasserauslässe in Bewässerungskanäle und den Einfluß des irrigation return flow im Sommer erklärt.

Eine Separation der kontinuierlichen Hydrographen in ihre Abflußkomponenten anhand von Tageswerten des Salzgehaltes lieferte keine brauchbaren Ergebnisse, da die Dauer der Hydrographen auf wenige Tage beschränkt war. Zudem scheinen je nach Vorflutereigenschaften jahreszeitlich bedingte Unterschiede der beteiligten Abflußkomponenten zu existieren. Bei Verwendung von Salzdaten mit größerer Dichte, z. B. stündlichen Werten, sind mit diesem Ansatz deutlichere Aussagen hinsichtlich der Separation der Abflußkomponenten zu erwarten.

Die Trendanalyse des Salzgehaltes und der Salzfracht wurde auf der Basis von Monatsmittelwerten und nach jahreszeitlicher Bereinigung der Zeitreihen mittels nicht-parametrischer Prozeduren durchgeführt. Um den Informationswert zu steigern, wurden die Steigungen der ermittelten Trends entsprechend der mittleren Salzgehalte relativiert. Wo möglich, wurden abflußgewogene monatliche Mittelwerte verwendet. Wo dieses nicht möglich war, wurde der Salztrend dem Abflußtrend gegenübergestellt. Es konnten sowohl signifikante negative wie auch signifikante positive Salztrends festgestellt werden. In den meisten Fällen dürfte der Trend nur eine Folge der schwankenden Witterungsverhältnisse während der relativ kurzen Meßperiode von fünf bis 12 Jahren sein. Insbesondere die letzten Jahre (1986-1988) der 12jährigen Zeitreihen (1978-1989) gelten als besonders niederschlagsarme Jahre, die einen entsprechend erhöhten Salzgehalt zur Folge haben. Der Einfluß des Abflußtrends auf den Salzgehaltstrend wurde beispielhaft für einen Pegel untersucht. Es wurde festgestellt, daß ein signifikanter positiver Salztrend nur eine Folge des negativen Abflußtrends war. Für diese Art der Trendanalyse eignet sich besonders die Gegenüberstellung der jährlichen Regressionslinien der Salzgehalt-Abfluß-Beziehungen (Abb. 29).

Die Untersuchung des Versalzungstrends während der Hauptbewässerungsperiode von Oktober bis April für vier Einzugsgebiete mit intensiver Bewässerungswirtschaft erbrachte hochsignifikante positive Versalzungstrends. Diese Trends werden als Folge sowohl einer Expansion bzw. Intensivierung der Bewässerungswirtschaft, z. B. durch Änderung der Bewässerungstechnik, als auch als Folge der abnehmenden Niederschläge während der Beobachtungsperiode interpretiert.

Der jahreszeitliche Verlauf der Salzfracht folgt dem jahreszeitlichen Regime des Abflusses. Der Grund hierfür liegt darin, daß der Abfluß eine größeren Varianz-breite aufweist als der Salzgehalt. Deswegen findet der beträchtliche Teil des Salzexportes in der winterlichen Regenzeit statt, wenn zwar niedrige Salzkon-zentrationen, aber hohe Abflüsse herrschen.

Die spezifische Salzfracht wurde für 35 Vorfluter untersucht und liegt zwischen 15 und 383 kg ha^{-1} a^{-1} (Tab. 19). Für das gesamte Untersuchungsgebiet ergibt sich ein Durchschnittswert von 121 000 t a^{-1} oder 181 kg ha^{-1} a^{-1}. Dies entspricht im Vergleich zu MEYBECK's (1976) errechneten Weltmittelwert von 372 kg ha^{-1} a^{-1}, einem relativ niedrigem Wert, der durch den niedrigen Gebietsniederschlag von 636 mm a^{-1} erklärt wird. Die Relativierung der Salzfracht der Einzugsgebiete zur Salzfracht des Untersuchungsgebietes ermöglichte es, solche Einzugsgebiete herauszustellen, die einen hohen prozentualen Salzaustrag aufweisen. Hierzu gehören Einzugsgebiete, die entweder einen hohen Gebietsniederschlag (Tab. 13), einen hohen Anteil an salzreichen geologischen Formationen (Tab. A1) oder intensive Bewässerungswirtschaft (Abb. A5) aufweisen. Der niederschlags-gewogene spezifische Salzaustrag gibt an, wie groß der Salzaustrag pro mm gefallenen Niederschlags ist. Die Kenntnis des niederschlagsgewogenen spezi-fischen Salzaustrags (Abb. A13) eröffnet infolge des Ausschlusses von Nieder-schlag als beeinflussender Faktor zusätzliche Aussagen hinsichtlich des Einflusses von Geologie, Boden oder Landnutzung. Die Gegenüberstellung von spezifischem Salzeintrag und spezifischem Salzaustrag ergibt die spezifische Salzproduktion eines Einzugsgebietes.

Für die Untersuchung des chemischen Charakters der Vorfluter wurden die vorliegenden Analysewerte in Äquivalentwerte umgerechnet, die Güte der Analyse-ergebnisse festgestellt, nicht bestätigte Proben aussortiert und die prozentualen Anteile der Kationen und Anionen sowie zahlreiche Ionenverhältnisse berechnet. Die Hauptkomponentenanalyse zeigt für alle Einzugsgebiete, mit wenigen Ausnahmen, eine chemische Zusammensetzung von Na >> Mg > Ca > K und Cl >> HCO$_3$ > SO$_4$ (Tab. 20). Einzugsgebiete, die über bedeutende Anteile an Bokkeveld oder Ecca verfügen, weisen wegen des Pyritvorkommens höhere Sulfat- als Hydro-genkarbonatanteile auf (Tab. 21). Natrium und Chlorid dominieren eindeutig mit prozentualen Anteilen in ihrer Ionengruppe zwischen 45 und 70 % (Tab. 20). Diese Charakteristik tritt nach MEYBECK (1976) in weniger als 0.1 % der weltweit 496 untersuchten Flüsse auf. Sie läßt sich sowohl durch die küstennahen Niederschläge als auch durch die Zusammensetzung des im Kontakt mit der vorherrschenden Geologie befindlichen Sicker- und Grundwassers erklären.

Bei Einzugsgebieten mit hohen Anteilen an quarzitischem Table Mountain Sandstone werden sehr niedrige Salzgehalte von weniger als 40 mg l^{-1} verzeichnet. Für die küstennahen Einzugsgebiete wurden die Niederschläge als wichtigste Salzquelle identifiziert.

Das Natriumadsorptionsverhältnis (NAV) erwies sich wegen seiner Abhängigkeit vom Salzgehalt als ungeeignet für geochemische Interpretationen. Ebenso stellte sich heraus, daß die räumlichen Unterschiede des Restnatriumkarbonats nur zu geringem Teil mit der auftretenden Geologie oder der Bewässerungswirtschaft erklärt werden können und hauptsächlich vom Gesamtsalzgehalt abhängen.

Eine Korrelationsanalyse der Gebietsanteile der vorherrschenden Geologie von 27 Einzugsgebieten gegen ausgewählte chemische Parameter erbrachte eine Reihe von Aussagen. Demnach fallen die Salzgehalts- und NAV-Werte mit steigenden Gebietsanteilen an Table Mountain Sandstone. Je höher die Gebietsanteile von Bokkeveld sind, desto niedriger ist das Restnatriumkarbonat, desto höher sind NAV-Werte und das Ca : Mg Verhältnis. Wider Erwarten läßt sich das SO_4 : HCO_3 Verhältnis nicht als Indikator von irrigation return flow verwenden. Zahlreiche von anderen Autoren verwendete Ionenverhältnisse sind wegen der Dominanz von Natrium und Chlorid in dem Untersuchungsgebiet nicht für geochemische Analysen anwendbar.

Die Anteile an Hydrogenkarbonat und Kalium unterliegen keinen jahreszeitlichen Schwankungen. Dagegen herrscht eine signifikante Saisonalität der Kalzium-, Natrium-, Chlorid- und Sulfatanteile (Abb. 31) vor. Ein sommerliches Ansteigen der Natriumanteile im Breede River geht mit dem sommerlichem Abfallen von Kalzium einher. Dies gilt als Hinweis für den verstärkten Austausch von Kalzium gegen Natrium im Boden während der Bewässerungsperiode.

Die Untersuchung der saisonalen Variation der Ionenverhältnisse erbrachte, daß keines der unbewirtschafteten Einzugsgebiete eine signifikante jahreszeitliche Veränderung in der chemischen Zusammensetzung erkennen läßt, während Einzugsgebiete mit intensiver Bewässerungswirtschaft signifikante jahreszeitliche Veränderungen in ihrem Vorfluterchemismus aufweisen. Dies gilt insbesondere für das Na : Ca Verhältnis, das Ca : Mg Verhältnis und das SO_4 : HCO_3 Verhältnis.

Eine Untersuchung des flußabwärtigen Trends des Breede River anhand von 10 Probenahmestellen zeigt, daß der Natriumanteil relativ stetig von etwa 50 % bis über 60 % zunimmt (Abb. 32), während Magnesium-, Kalzium- und Kaliumanteile abnehmen. Flußabwärts nehmen die Kalziumanteile am stärksten ab. Gleichzeitig erhöht sich das NAV und erniedrigt sich das Restnatriumkarbonat infolge der Zunahme des Salzgehaltes. Der plötzliche Anstieg von Sulfat nach dem Zufluß des Hex River wird durch dessen hohen Sulfatgehalt von 17 % erklärt.

Der zeitliche Trend der Ionenanteile und -verhältnisse wurde für zwei Pegel im Breede River und zwei Pegel in Einzugsgebieten mit intensiver Bewässerungswirtschaft festgestellt. Der zeitliche Trend einzelner Ionen entspricht generell dem des Gesamtsalzgehaltes. In unbewirtschafteten Einzugsgebieten sind über die vorliegenden Beobachtungszeiträume keine signifikanten Trends der Ionenverhältnisse festzustellen. Im Gegensatz dazu wurden bei einigen Einzugsgebieten, die einen relativ intensiven Bewässerungslandbau aufweisen, signifikante Trends ermittelt. Bei einem bewässerungswirtschaftlich intensiv genutzten Nebenfluß, dem Poesjesnels River, liegt ein signifikanter, negativer Trend des Hydrogenkarbonatanteils von jährlich 4,0 % vor. Dieser Trend wird besonders beim Cl:HCO$_3$ Verhältnis deutlich (Abb. 33). Die Ursache dieses Trends wird darin gesehen, daß sich die Auswaschungsrate im Poesjenelseinzugsgebiet durch den weitverbreiteten Ersatz von Sprinklerbewässerung gegen Tröpfchenbewässerung erniedrigt hat. Auch im Breede River wird zwischen den Pegeln H4H017 und H5H004 eine zeitliche Abnahme des Hydrogenkarbonatanteils verzeichnet. Einem jährlichen Trend von -0,77 % bei H4H017 steht ein Trend von jährlich -1,84 % bei H5H004 gegenüber.

Für die Untersuchung der Ionenfracht wurden die Pegelstationen herangezogen, die über eine möglichst lückenlose und langfristige Datenreihe hinsichtlich Ionenkonzentration und Abfluß verfügen. Der Vergleich der Trends der Ionenfracht bei den Pegeln H4H017 und H5H004 im Breede River macht einen stärkeren und signifikanteren Trend bei H5H004 erkennbar (Tab. 24). Während die Kalziumfracht gegenüber der Natriumfracht bei H4H017 stärker abnimmt, nimmt sie bei H5H004 stärker zu. Dies wird wiederum als Indiz für verstärkte Austauschvorgänge zwischen beiden Pegeln gewertet. Weiterhin läßt die größere Abnahme der Hydrogenkarbonatfracht bei H5H004 auf erhöhte Ausfällungsprozesse schließen.

Um die abflußbedingte Veränderung der chemischen Zusammensetzung zu quantifizieren, wurden, soweit vorhanden, Ionenanteile und Ionenverhältnisse den logarithmierten Abflußwerten gegenübergestellt. Eine Korrelationsanalyse zwischen Abfluß bzw. Pegelstand und Ionenanteile sowie Ionenverhältnisse offenbart z. T. enge Beziehungen (Tab. 25). Mit Ausnahme des Poesjesnels River nehmen bei allen untersuchten Pegelstationen Natrium- und Chloridanteile mit zunehmendem Abfluß ab und Kalzium- und Kaliumanteile sowie in vermindertem Maße Hydrogenkarbonat- und Sulfatanteile zu. Dies bedeutet, daß Natrium und Chlorid vorwiegend als Basisabfluß transportiert werden und daß diese Ionen überwiegend durch Lösungsprozesse im Grundwasser abstammen. Die überall auftretende Erhöhung der Hydrogenkarbonatanteile bei höheren Abflüssen sind auf die höheren Kohlendioxidgehalte im Oberboden zurückzuführen. Ein wichtiger Beitrag von Kalium und Sulfat wird, wie insbesondere bei Pegel H5H004 deutlich wird, bei hohen Abflüssen geleistet. Dies gilt als Hinweis für die Ausspülung in Gebieten mit Gips- und Kaliumdüngung. Die schwachen Korrelation bei Stationen mit niedrigem

Salzgehalt ist mit der starken Dominanz des atmosphärischen Eintrags als Hauptquelle der Salze in diesen Einzugsgebieten zu begründen.

Um den Anteil der Salze, die durch Bewässerungswasser in Teileinzugsgebiete eingeführt werden, in der Größenordnung abschätzen zu können, wurden die veranschlagte Bewässerungswassermenge mit ihrem Salzgehalt und der Salzfracht aus dem jeweiligen Teileinzugsgebiet kombiniert. Es wurde exemplarisch eine Berechnung für zwei Einzugsgebiete mit hohen Anteilen an Bewässerungswirtschaft durchgeführt. Die prozentualen Anteile des Ioneneintrages von Kalzium, Kalium und Chlorid unterscheiden sich deutlich von den anderen Ionen (Tab. 26). Offenbar wird ein bedeutender Anteil des im Bewässerungswasser gelöstem Kalzium im Einzugsgebiet absorbiert und stellt daher einen hohen prozentualen Eintragsanteil dar. Da in beiden Einzugsgebieten hohe Gebietsanteile aus Bokkeveldschiefer bestehen, und dies eine wichtige Quelle an Chlorid darstellt, fällt der Chlorideintrag durch Bewässerung relativ schwach aus. Der Kaliumeintrag durch Bewässerung ist höher als der Austrag. Hieraus wird deutlich, daß das im Bewässerungswasser gelöste Kalium eine wichtige Quelle dieses Nährstoffes darstellt. Die im Bewässerungswasser gelösten und in die Einzugsgebiete importierten Salze tragen, unter den gegebenen Voraussetzungen, zu etwa 20% zum Salzaustrag bei.

Die Verwendung des Geo-Informationssystems ARC/INFO erbrachte die Berechnung von wichtigen Einzugsgebietskennwerten wie Einzugsgebietsgröße, Gebietsniederschlag und prozentuale Gebietsanteile der geologischen Formationen. Zahlreiche raumbezogenen Ergebnisse wurden in das GIS geladen und als Karte dargestellt (s. Anhang).

Es zeigte sich bei der Durchführung dieser Arbeit, daß die vorhandene Datengrundlage eine hinreichende Charakterisierung und Quantifizierung der Salzdynamik der Vorfluter gestattet. Die vorliegenden Ergebnisse sind hinsichtlich des atmosphärischen Salzeintrags, der ereignisbezogenen Hysterese und Abflußkomponentenseparation sowie des Einflusses der Bewässerungswirtschaft als erste Abschätzungen zu verstehen.

Durch eine Verbesserung des Meßnetzes von Niederschlagssammlern und eine genaue Erfassung der verschiedenen Bewässerungswassermengen und deren Herkunft lassen sich diese wichtigen Salzhaushaltsgrößen genauer kalkulieren. Für ähnliche Studien ist ein dichteres Meßnetz, besonders eine höhere Probennahmehäufigkeit für wenige, repräsentative Einzugsgebiete, wünschenswert. Insbesondere würde eine intensivere Erfassung des Niederschlagschemismus, des Chemismus des Bodenwassers, des Interflow und Grundwassers sowie eine genaue Kartierung der Geologie, Böden und Landnutzung sowie Düngergaben für wenige, repräsentative Einzugsgebiete zur Bestimmung der Salzbilanzgrößen und dem Verständnis der Salztransportprozesse beitragen.

LITERATURVERZEICHNIS

AFIFI, A.A. & O.P. BRICKER (1983): Weathering reactions, water chemistry and denudation rates in drainage basins of different bedrock types: I - sandstone and shale. - Dissolved loads of rivers and surface water quantity/quality relationships (Proceedings of the Hamburg Symposium, August, 1983). IAHS Publ. 141, 193-203.

AL-JABBARI, M.H., N.A. AL-ANSARI & J. McMANUS (1983): Variation in solute concentration within the River Almond and its effect on the estimated dissolved load. - Dissolved loads of rivers and surface water quantity/quality relationships (Proceedings of the Hamburg Symposium, August, 1983). IAHS Publ. 141, 21-29.

ALLISON, L.E. (1963): Salinity in Relation to Irrigation. - Advances in Agrometry, 16, 139-180.

ANDERSON, V.G. (1941): The origin of the dissolved inorganic solids in natural waters with special reference to the O'Shannassy River catchment, Victoria. - J. Proc. Austral. Chem. Inst., 130-150.

ANDREWS, E.D. (1983): Denudation of the Piceance Creek basin, Colorado. - Dissolved loads of rivers and surface water quantity/quality relationships (Proceedings of the Hamburg Symposium, August, 1983). IAHS Publ. 141, 205-215.

ARAD, A. & R. EVANS (1987): The hydrogeology, hydrochemistry and environmental isotopes of the Campaspe river aquifer system, north-central Victoria, Australia. - Journal of Hydrology, 95, 63-86.

ARNOLD, U., B. DATTA & P. HAENSCHEID (1989): Intelligent Geographical Information Systems (IGIS) and surface water modelling. - M.L. KAVVAS (Ed.): New Directions for Surface Water Modelling, IAHS Publication 181, 407-416.

ASCE, AMERICAN SOCIETY OF CIVIL ENGINEERS (1990): Agricultural salinity assessment and management - ASCE Manuals and Reports on Engineering Practice, 71, New York.

AYERS, R.S. & D.W. WESTCOT (1976): Water quality for agriculture. - Irrigation and Drainage Paper 29, FAO, Rom.

BACHE, B.W. (1983): The role of soil in determining surface water composition. - Wat. Sci. Tech., 15, Copenhagen, 33-45.

BARSCH, D. & W.-A. FLÜGEL (1988): Studien zur Grundwassererneuerung durch direkte Versickerung und Interflow. - Heidelberger Geographische Arbeiten, 66, 1-82.

BAUMGARTNER, A. & H.-J. LIEBSCHER (1990): Lehrbuch der Hydrologie. Band 1. Allgemeine Hydrologie. - Berlin.

BERNSTEIN, L. (1967): Quantitative assessment of irrigation water quality. - Water Quality Criteria, Special Technical Publication 416, American Society for Testing and Materials, 51-58.

BERRYMAN, D., B. BOBEE, D. CLUIS & J. HAEMMERLI (1988): Nonpara-metric tests for the trend detection in water quality time series. - Water Resources Bulletin, 24, 545-556.

BOND, G.W. (1946): A geochemical survey of the underground water supplies of the Union of South Africa. - Dept. of Mines, Geol. Survey, Memoir 41.

BOSMAN, H.H. (1992): Persönliche Mitteilung. - Department of Water Affairs, Pretoria.

BOURODIMOS, E.L., S.L. YU & R.A. HAHN (1974): Statistical analysis of daily water quality data. - Water Resources Bulletin, 10, 925-941.

BOUWER, H. (1987): Effect of irrigated agriculture on groundwater. - J. of Irr. and Drainage Engng., 113, 4-15.

BOWER, C.A., G. OGATA & J.M. TUCKER (1968): Sodium hazard of irrigation waters as influenced by leaching fraction and by prcipitation or solution of calcium carbonate. - Soil Science, 106, 29-34.

BRANSON, R.L., P.F. PRATT, J.D. RHOADES & J.D. OSTER (1975): Water quality in irrigated watersheds. - J. Environ. Qual., 4, 33-40.

BRESLER, E., B.L. McNEIL & D.L. CARTER (1982): Saline and Sodic Soils. Principles - dynamics - modeling. - Advanced Series in Agricultural Sciences, 10. - Berlin.

BRETSCHNEIDER, H., K. LECHER & M. SCHMIDT (1982[6]): Taschenbuch der Wasserwirtschaft. - Hamburg.

CENTRAL STATISTICAL SERVICE (1986): Agricultural Census 1986. - Government Printer, Pretoria, Report 11-01-01/1986.

CENTRAL STATISTICAL SERVICE (1988): Agricultural Census 1988. - Government Printer, Pretoria, Report 06-01-26.

CLARK, R.N. & W.W. FINLEY (1975): Sprinkler evaporation losses in the Southern Plains. - ASAE Paper 75-257.

COLLINS, D.N. (1979): Hydrochemistry of meltwaters draining from an alpine glacier. - Arctic and Alpine Research, 11, 307-324.

CRYER, R. (1986): Athmospheric solute inputs. - TRUDGILL, S.T. (Hrsg.): Solute Processes. Wiley-Interscience Publication, 15-84.

CUNNINGHAM, R.B. & R. MORTON (1983): A statistical method for the estima-tion of trend in salinity in the river Murray. - Aust. J. Soil Res., 21, 123-132.

DAVIS, J.S. & H.M. KELLER (1983): Dissolved loads in streams and rivers - discharge and seasonally related variations. - Dissolved loads of rivers and surface water quantity/quality relationships (Proceedings of the Hamburg Symposium, August, 1983). IAHS Publ. 141, 79-89.

DENT, M.C., S.D. LYNCH & R.E. SCHULZE (1987): Mapping mean annual and other rainfall statistics over southern Africa. - Report to the Water Research Commission by the Department of Agricultural Engineering, University of Natal, WRC Report 109/1/89, Pretoria.

DEPARTMENT OF AGRICULTURE (1979): Statistical abstracts. - Government Printer, Pretoria.

DEPARTMENT OF STATISTICS (1964): Report on agricultural and pastoral production. Part 2. - Agricultural Census 39. Report 06-01-07, Government Printer, Pretoria.

DEPARTMENT OF STATISTICS (1976): Report on agricultural and pastoral production. Part 2. - Agricultural Census 49. Report 06-01-13, Government Printer, Pretoria.

DEPARTMENT OF WATER AFFAIRS (1986): Management of water resources of the Republic of South Africa. - Government Printer, Pretoria.

DEPARTMENT OF WATER AFFAIRS (1991): Persönliche Mitteilung. - Division of Strategic Planning, Pretoria.

DFG (1992): Regionalisierung in der Hydrologie. - Mitteilung XI der Sanaltskommission für Wasser. - Weinheim.

DIN 4049 (1979): Hydrologie. - Normenauschuß Wasserwesen (NAW) im DIN Deutsches Institut für Normung e.V., Berlin.

DYKE, S. & G. PESCHKE (1983): Grundlagen der Hydrologie. - Berlin.

ECKHOLM, E.P. (1975): Salting the earth. - Environment, 17, 9-15.

EMMERICH, W.E., D.A. WOOLHISER & E.D. SHIRLEY (1989): Comparison of lumped and distributed models for chemical transport by surface runoff. - J. Environ. Qual., 18, 120-126.

ESRI (1990): Environmental Systems Research Institute Inc., Redlands, California.

FARLEY, D.A. & A. WERRITTY (1989): Hydrochemical budgets for the Loch Dee experimantal catchments, Southwest Scotland (1981-1985). - Journal of Hydrology, 109, 351-368.

FISCHBECK, (1972[101]): Logarithmische Rechentafeln für Chemiker, Pharmazeuten, Mediziner und Physiker. - Berlin.

FLÜGEL, W.-A. (1979): Untersuchungen zum Problem des Interflow. - Heidelberger Geographische Arbeiten, 56.

FLÜGEL, W.-A. (1981): Hydrochemische Untersuchungen von Niederschlägen, Bodenwasser, Seen und Flüssen im Oobloyah-Tal, N-Ellesmere Island, N.W.T., Kanada. - Heidelberger Geographische Arbeiten, 69, 383-412.

FLÜGEL, W.-A. (1989a): Groundwater dynamics influenced by irrigation and associated problems of river salination; Breede River, Western Cape Province, R.S.A. - Groundwater Contamination. (Proceedings of the Baltimore Symposium, May, 1989), IAHS Publ. 185, 137-145.

FLÜGEL, W.-A. (1989b): Studies of shallow and deep groundwater dynamics for salinity research in the Breede River Valley, Western Cape Province, R.S.A. - (Proceedings of the Fourth South African National Hydrological Symposium, Pretoria, November 1989). South African National Committee for the International Association of Hydrological Sciences (SANCIAHS), 400-408.

FLÜGEL, W.-A. (1990): Annual water and salt balances as a means to estimate the contribution of groundwater seepage to the Breede river salination. - Breede River Salination Research Program (BRSRP), 4. Internal Report, Hydrological Research Institute, Department of Water Affairs, Report NH00//GIQ0290, Pretoria.

FLÜGEL, W.-A. (1991): Wasserwirtschaft und Probleme der "Dryland Salinity" in der Republik Südafrika. - GR, 43, 374-383.

FLÜGEL, W.-A. & S.W. KIENZLE (1989): Hydrology and salinity dynamics of the Breede River, Western Cape Province, Republic of South Africa. - Regional Characterization of Water Quality (Proceedings of the Baltimore Symposium, May 1989), IAHS Publ. 182, 221-230.

FLÜGEL, W.A. & J. PARSONS (1990): Application of the regionalism approach for a generalised soil map of the Breede river catchment. - Breede River Salination Research Program (BRSRP), 5. Internal Report, Hydrological Research Institute, Department of Water Affairs, Report NH000//RIQ0390, Pretoria.

FRITZ, P. (1983): Geochemical parameters as indicators for groundwater flow. - Relation of Groundwater Quantity and Quality (Proceedings of the Hamburg Symposium, August 1983). IAHS Publ. 146, 229-239.

FRITZ, B., J.C. MASSABUAU & B. AMBROISE (1984): Physico-chemical characteristics of surface waters and hydrological behaviour of a small granitic basin (Vosges massif, France): Annual and daily variations. - Hydrochemical Balances of Freshwater Systems. (Proceedings of the Uppsala Symposium, September 1984), IAHS Publ. 150, 249-261.

GANSSEN, R. (1968): Trockengebiete. Böden, Bodennutzung, Bodenkultivierung, Bodengefährdung. Versuch einer Einführung in bodengeographische und bodenwirtschaftliche Probleme arider und semiarider Gebiete. - Mannheim.

GARBRECHT, G. (1987): Irrigation throughout history - Problems and solutions. - Water for the Future (Proceedings of the Rome Symposium, April 1987), 3-17.

GARRELS, R. & F. MACKENZIE 1975: Origin of the chemical chompositions of some springs and lakes. - KITANO, Y. (Ed.): Geochemistry of Water, Benchmark papers in geology. Pennsylvania, 247-267.

GIBBS, H.J. (1970): Mechanism controlling world water chemistry. - Science, 70, 1088-1090.

GLOBAL 2000 (1981): Der Bericht an den Präsidenten. Frankfurt.

GORHAM, E. (1961): Factors influencing supply of major ions to inland waters, with special reference to the atmosphere. - Geol. Soc. Am. Bull., 72, 795-840.

GOULTER, I.C. & D. FORREST (1987): Use of Geographical Information Systems (GIS) in river basin management. - Wat. Sci. Tech., 19, 81-86.

GREEF, G.J. (1980): Geohydrology of part of the Bree River valley, Southwestern Cape. - Report to the Western Cape Task Group, National Water Research Institute, Council for Scientific and Industrial Research, Pretoria, 6 S.

GREEF, G.J. (1989): Changes in seepage characteristics after development of soils overlying bokkeveld shales. - SA Irrigation, 11, 19-25.

GREEF, G.J. (1990): Detailed geohydrological investigations in the Poesjesnels River catchment in the Breede River valley with special reference to mineralization - Water Research Commission Report 120/1/90, Pretoria.

HAKE, G. (1976[5]): Kartographie II. - Berlin.

HARKER, D.B. & B.A. PATERSON (1982): Shallow tile drainage of glaciated soils within the irrigated portion of Alberta, Canada. - First Annual Western

Provincial Conference, Rationalization of Water and Soil Research and Management: Soil Salinity, Nov. 29 to Dec 2, 1982, Province of Alberta, Lethbridge, Alberta, Canada, 79-95.

HEM, J.D. (1982): Conductance: A collective measure of dissolved ions. - Water Analysis, 1, 137-161.

HEM, J.D. (1985): Study and interpretation of the chemical characteristics of natural waters. - U.S. Geological Survey Water-Supply Paper 2254, Alexandria.

HERRMANN, R. (1977): Einführung in die Hydrologie. - Stuttgart.

HILLMAN, R.M. (1981): Land and stream salinity in Western Australia. - Agricultural Water Management, 4, 11-18.

HIRSCH, R.M., J.R. SLACK & R.A. SMITH (1982): Techniques for trend analysis for monthly water quality data. - Water Resources Research, 18, 107-121.

HIPEL, K.W., A.I. McLEOD & P.K. FOSU (1985): Empirical power comparison of some tests for trend. - Statistical aspects of water quality monitoring (Proceedings of the Workshop held at the Canada Centre for Inland Waters, October 7-10). Developments in Water Science, Elsevier, Amsterdam, 347-362.

JENSON, S.K. (1991): Application of hydrologic information automatically extracted from digital information models. - Hydrol. Processes, 5, 31-44.

JOHNSON, J.H. (1975): Hydrochemistry in groundwater exploration. - (Proceedings of the Groundwater Symposium). Bulawayo, May 20-23, 1975, Zimbabwe.

JOHNSON, F.A. & J.W. EAST (1981): Cyclical relationships between river discharge and chemical concentration during flood events. - Journal of Hydrology, 57, 93-106.

KATZ, B.G. (1989): Influence of mineral weathering reactions on the chemical composition of soil water, springs, and ground water, Catoctin Mountains, Maryland. - Hydrological Processes, 3, 185-202.

KATZ, B.G., O.P. BRICKER & M.M. KENNEDY (1985): Geochemical mass-balance relationships for selected ions in precipitation and stream water, Catoctin Mountains, Maryland. - American Journal of Science, 285, 931-962.

KEYS, J.W. (1977): Water quality and return flow study of the Oahe Unit, South Dakota. - (Proceedings of International Conference on Managing Saline Water for Irrigation Planning for the Future (Ed.: H.E. DREGNE), 109-126.

KEYS, J.W. (1981): Grand Valley irrigation return flow case study. - Journal of Irrigation and Drainage Division, ASCE, 107, IR2, 221-232.

KELLER, R. (1962): Gewässer und Wasserhaushalt des Festlandes. - Leipzig.

KHARCHENKO, S.I. & Th. MADDOCK, Jr. (1982): Investigation of the water regime of river basins affected by irrigation. - Technical Documents in Hydrology, International Hydrological Programme, UNESCO, Paris.

KIENZLE, S.W. (1989): Salinity dynamics in the middle reaches of the Breede River Catchment, Western Cape Province, R.S.A. - (Proceedings of the Fourth South African National Hydrological Symposium, Pretoria, November 1989). South African National Committee for the International Association of Hydrological Sciences (SANCIAHS), 390-399.

KIENZLE, S.W. (1990): Hydro-chemistry of Surface Waters in the Upper and Middle Part of the Breede River Catchment. Part I: Representation and evaluation of hydro-chemical data. - Seventh Internal Report on the Breede River Salination Research Program, Hydrological Research Institute, Dept. of Water Affairs, Pretoria, Report NH000//RIQ0590.

KIENZLE, S.W. (1991): Evaluation of the influence of the sampling frequncy on the representation of water quality of streams and rivers in a semi-arid catchment. - Journal of Agricultural Engineering in South Africa, 23, 198-206.

KIENZLE, S.W. & W.-A. FLÜGEL (1988): The salinity of the Breede River and its tributaries between Brandvlei Dam and H5M04: Summary of daily data up to September 1987. - First Internal Report on the Breede River Salination Research Program, Hydrological Research Institute, Dept. of Water Affairs, Pretoria, Report NH000//RIQ0888.

KIENZLE, S.W., U. LOURENS & B. BROWN (1989): Estimating changes in the extent of irrigated agriculture with the aid of satellite imagary. - Poster präsentiert bei der *International Geosphere Biosphere Program Conference*, Kapstadt, Dezember 1989.

KIENZLE, S.W. & K.C.TARBOTON (1992): Improvement of agro-hydrological modelling through a link with a Geographical Information System. - Journal of Agricultural Engineering in South Africa, 24.

KONIKOW, L.F. & M. PERSON (1986): Influence of irrigation on salinity and nitrate in a stream-aquifer system. - Conjunctive Water Use (Proceedings of the Budapest Symposium, July 1986). IAHS Publ. 156, 217-229.

KRAUSKOPF, K.B. (1979): Introduction to Geochemistry. - McGraw-Hill intern. series in the earth and planetary sciences.

LECHER, K. (1982): Bodenwasserhaushalt bzw. Nährstoff- und Salzdynamik bewässerter Böden. - Wiener Mitteilungen, 44, 149-169.

LEONOV, E.A. (1979): Evaluation and forecast of the change in water mineralization in large rivers of the European USSR with consideration of the effect of economic activity. - Meteorologiya i Gidrologiya, 3, 73-81.

LESER, H. (1974): Angewandte Physische Geographie und Landschaftsökologie als regionale Geographie. - Geogr. Zeitschr., 62, 161-178.

LETTENMAIER, D.P. (1988): Multivariate nonparametric tests for trend in water quality. - Water Resources Bulletin, 24, 505-512.

LITTLEWOOD, I.G. (1992): Estimating contaminant loads in rivers: a review. - Institute of Hydrology Report 117, Wallingford.

LOFTIS, J.C., R.D. PHILLIPS, R.C. WARD & C.H. TAYLOR (1989): WQSTAT II: A water quality statistics package. - Computer Notes - Groundwater, 27, 866-873.

LOH, I.C. & R.A. STROKES (1981): Predicting stream salinity in South-Western Australia. - HOLMES, J.W. & T.TALSMA (Ed.): Land and stream salinity. Elsevier Scientific Publishing Company, Amsterdam, 227-254.

LYNCH, S.D. (1989): Geographical Information Systems in hydrology. - (Proceedings SAGIS 89 Symposium, Pietermaritzburg). Section 5, 1-13.

MAGARITZ, M., A. NADLER, H. KOYUMDJISKY & J. DAN (1981): The use of Na/Cl ratios to trace solute sources in a semiarid zone. - Water Resources Research, 17, 602-608.

MAZOR, E. (1983): Mixing in natural and modified groundwater systems: detection and implications on quality and management - Scientific Basis for Water Resources Management (Proceedings of the Jerusalem Symposium, September 1983). IAHS Publ. 153, 241-251.

MARTINS, O. (1988): Solute concentration in the lower Niger river and the source rock contribution - Hydrological Processes, 2, 19-29.

MEYBECK, M. (1976): Total dissolved transport by world major rivers. - Hydrological Sciences Bulletin, 21, 265-284.

MEYBECK, M. (1979): Concentrations des eaux fluviales en elements majeurs et apports en solution aux oceans. - Revue de Geologie Dynamique et de geographie Physique, 21, 215-246.

MEYBECK, M. (1981): Pathways of major elements from land to ocean through rivers. - River Inputs to Ocean Systems, UNEP/UNESCO Rept., 18-30.

MEYBECK, M. (1983): Atmospheric inputs and river transport of dissolved substances. - Dissolved loads of rivers and surface water quantity/quality relationships (Proceedings of the Hamburg Symposium, August 1983). IAHS Publ. 141, 173-192.

MILLER, M.R., P.L.BROWN & J.J. DONOVAN (1981): Saline seep development and control in the North American Great Plains - hydrogeological aspects. - Agric. Wat. Manag., 4, 115-141.

MOCK, J. (1984): Einfluß der Bewässerung auf die Umwelt (Hydrologie, Klima, Krankheiten). - 1. Fortbildungslehrgang Bewässerung des DVWK, Kap. 19, Darmstadt.

MOOLMAN, J.H., P.C. VAN ROOYEN & H.W. WEBER (1983): The effect of irrigation practices in the Bree River valley on the salt content of a small river. - Irr. Sci., 4, 103-116.

MURGATROYD,A.L. (1983): Spatial variations in precipitation chemistry over Natal, South Afrika. - South African Journal of Science, 79, 408-410.

NATIV, R., A. ISSAR & J. RUTLEDGE (1982): Chemical Composition of Rainwater and Floodwaters in the Negev Desert. - Journal of Hydrology, 62, 201-223.

NEWBURY, R.W., J.A. CHERRY & R.A. COX (1969): Groundwater-streamflow systems in Wilson Creek experimental watershed, Manitoba. - Canadian Journal of Earth Sciences, 6, 613-623.

NORDSTROM, D.K., J.W. BALL, R.J. DONAHOE & D. WHITTEMORE (1989): Groundwater chemistry and water-rock interactions at Stripa. - Geochimica et Cosmochimica Acta, 53, 1727-1740.

O'CONNOR, D.J. (1976): The concentration of dissolved solids and river flow. - Water Resources Research, 12, 279-294.

OPHORI, D.U. & J. TOTH (1989): Patterns of ground-water chemistry, Ross Creek basin, Alberta, Canada. - Ground Water, 27, 20-26.

OSBORNE,L.L. & M.J. WILEY (1988): Empirical relationships between land use/cover and stream water quality in an agricultural watershed. - Journal of Environmental Management, 26, 9-27.

OSTER, J.D. & J.D. RHOADES (1975): Calculated drainage water composition and salt burdens resulting from irrigation with river waters in the Western United States. - J. Environ. Qual., 4, 73-79.

OTTO (1981): Supplementary report on the proposed Greater Brandvlei Government Water Scheme. - Government Printer, Pretoria.

PACES, T. (1984): Mass-balance approach to the understanding of geochemical processes in aqueous systems. - Hydrochemical Balances of Freshwater Systems (Proceedings of the Uppsala Symposium, September, 1984). IAHS Publ. 150, 223-235.

PALMER, C. (1911): The geochemical interpretation of water analysis. - US Geological Survey Bulletin, 479.

PHILLIPS, R.D., H.P. HOTTO & J.C. LOFTIS (1989): WQSTAT II. A Water quality statistics program - User's manual. - Colorado State University, Fort Collins, Colorado.

PECK, A.J., J.F. THOMAS & D.R. WILLIAMSON (1983): Salinity issues: Effects of man on salinity in Australia. - Water 2000: Consultants Report 8, Australian Government Publishing Service, Canberra.

PILGRIM, D.H., D.D. HUFF & T.D. STEELE (1979): Use of specific conductance and contact time relations for separating flow components in storm runoff. - Water Resouces Research, 15, 329-339.

PINDER, G.F. & J.F. JONES (1969): Determination of the ground-water component of peak discharge from the chemistry of total runoff. - Water Resources Research, 15, 438-445.

PIONKE, H.B. (1970): Effect of climate, impoundments, and land use on stream salinity. - Journal of Soil and Water Conservation, 25, 62-64.

POHJAKAS, K. (1982): Salt movement and status of dryland and irrigated soils. - First Annual Western Provincial Conference, Rationalization of Water and Soil Research and Management: Soil Salinity, Nov. 29 to Dec 2, 1982, Province of Alberta, Lethbridge, Alberta, 41-54.

PONCE, S.L. & R.H. HAWKINS (1978): Salt pickup by overland flow in the Price River Basin, Utah. - Water Resources Bulletin, 14, 1187-1200.

PRESTON-WHYTE, R.A. & P.D. TYSON (1988): The atmosphere and weather of Southern Africa. - Cape Town.

REID, J.M., D.A. MacLEOD & M.S. CRESSER (1981): Factors affecting the chemistry of precipitation and river water in an upland catchment. - Journal of Hydrology, 50, 129-145.

REYNDERS, A.G., J.H. MOOLMAN & A.W. STONE (1985): Water level response in fractured rock aquifers underlying irrigated lands - a study in the lower Great Fish River Valley. - Water SA, 11, 93-98.

RHOADES, J.D., D.B. KRUEGER & M.J. REED (1968): The effect of soil-mineral wheathering on the sodium hazard of irrigation waters. - Soil Sci. Soc. Am. Proc., 32, 643-647.

RHOADES, J.D., J.D. OSTER, R.D. INGVALSON, J.M. TUCKER & CLARK (1974): Minimizing the salt burdens of irrigation drainage waters. - J. Environ. Quality, 3, 311-316.

RICE, R.C., R.S. BOWMAN & H. BOUWER (1989): Ionic composition of vadose zone water in an arid region. - Ground Water, 27, 813-822.

RICHTER, B.C. & C.W. KREITLER (1986): Geochemistry of salt water beneath the rolling plains, North-Central Texas. - Groundwater, 24, 735-742.

RITTMASTER, R.L. & D.K. MUELLER (1986): Identification of solute loading sources to a surface stream. - Water Resources Bulletin, 22, 81-89.

ROSENTHAL, E. & S. MANDEL (1985): Hydrological and hydrogeochemical methods for the delineation of complex groundwater flow systems as evidenced in the Bet-Shean Valley, Israel. - Journal of Hydrology, 79, 231-260.

ROSENTHAL, E., R. NATIV & A.S. ISSAR (1983): Hydrochemical relationships between rainwater, floods, groundwater and lithology in the Avedat Group on the Negev Highlands, Israel. - Hydrochemical Balances of Freshwater Systems (Proceedings of the Uppsala Symposium, September, 1984). IAHS Publ. 150, 407-418.

ROSEWARN, P.N. (1984): The hydrogeology and hydrogeochemistry of the aquifers of the Hex River Valley, Cape Province. - Diplomarbeit im Fach Geologie, Rhodes University, Grahamstown.

SANDERS, T.G., R.C. WARD, J.C. LOFTIS, T.D. STEELE, D.D. ADRIAN & V.YEVJEVICH (1983): Design of networks for monitoring water quality. - Water Resources Publications, Littleton, Colorado.

SCHERHAG, R. & W. LAUER (1982): Klimatologie. - Braunschweig.

SCHMIDT, E.J. & R.E. SCHULZE (1987): SCS-based design runoff. - Water Research Commission Report TT31/87, Pretoria, ACRU Report 24, Dept. Agric. Engng., Univ. Natal, Pietermaritzburg.

SCHOFIELD, N.J. & J.K. RUPRECHT (1989): Regional Analysis of stream salinisation in southwest Western Australia. - J. Hydrolgy, 112, 19-39.

SCHULZE, R.E. & M. MAHARAJ (1991): Mapping A-pan equivalent potential evaporation over southern Africa. - (Proceedings of the Fifth South African National Hydrological Symposium, Stellenbosch, November 7-8, 1991). South African National Committee for the International Association of Hydrological Sciences (SANCIAHS), 4B-4-1 - 4B-4-9.

SONTHEIMER, H., SPINDLER & U. ROHMANN (1980): Wasserchemie für Ingenieure. - Frankfurt/Main.

STEPANOV, I.N. & E.I. CHEMBARISOV (1978): Irrigation effect on the mineralization of river waters. - Water, Air, and Soil Pollution, 9, 397-401.

STUMM, W. & J.J. MORGAN (1970): Aquatic chemistry: an introduction emphasizing chemical equilibria in natural waters. - New York.

SUAREZ, D.L. & RHOADES, J.D. (1977): Effect of leaching fraction on river salinity. - Journal of the Irrigation and Drainage Division, Proceedings of the American Society of Civil Engineers, 103, IR2, 245-257.

SUBRAMANIAN, V. (1983): Factors controlling the chemical composition of river waters of India. Dissolved loads of rivers and surface water quantity/quality relationships (Proceedings of the Hamburg Symposium, August, 1983). IAHS Publ. 141, 145-152.

SUGAWARA, K. 1975: Migration of elements through phases of the hydrosphere and atmosphere. - KITANO, Y. (Ed.): Geochemistry of Water, Benchmark papers in geology. Pennsylvania.

SCHRÖDER, D. & H. ZAKOSEK (1979): Beziehungen zwischen Nieder- schlagsmenge und Kationenaustrag bei drei gestörten Böden aus Löß - Z. f. Kulturtechnik und Flurbereinigung, 20, 33-42.

SHAINBERG, I. & J.D. OSTER (1978): Quality of irrigation water. - International Irrigation Information Center, Bet Dagan/U.S. Salinity Laboratory, Riverside.

SYLVESTER, R.O. & R.W. SEABLOOM (1963): Quality and significance of irrigation return flow. - J. Irr.& Drain. Div., 89, 1-27.

TCHONANOGLOUS, G. & E.D. SCHROEDER (1985): Water Quality. Charac- teristics, Modeling, Modification.

THOMANN, R.V. (1967): Time-series analysis on water-quality data. - Journal of the Sanitary Engineering Division, American Scociety of Civil Engineers, 1-23.

TORDIFFE, E.A.W., B.J.V. BOTHA & J.C. LOOCK (1985): The relationship between the geology and the groundwater quality of the Great Fish River catchment north of Kommadagga. - Water SA, 11, 99-105.

TROAKE, R.P. & D.E. WALLING (1973): The natural history of Slapton Ley Nature Reserve VII. The hydrology of the Slapton Wood Stream, a preliminary report. - Field Studies, 3, 719-740.

TYAGI, N.K. (1986): Optimal water management strategies for salinity control. - J. of Irr. and Drain. Eng., 112, 81-97.

UNESCO/WHO (1978): Water quality surveys. A guide for the collection and interpretation of water quality data. - Studies and reports in hydrology 23.

US Salinity Laboratory Staff (1954): Diagnosis and improvement of saline and alkali soils. - USDA, Agricultural Handbook 60, Washington DC.

VAN RIET, W.F. (1992): Application of Geographic Information Systems (GIS) for water management. - Water Week Conference, CSIR Conference Centre, Pretoria, RSA, 17-19 August 1992, 222-229.

Van SCHILFGAARDE, J. (1981): Dryland management for salinity control - Agric. Wat. Manag. 4, 383-391.

Van VLIET, H.R. et al. (1988): Analytical methods manual. - Dept. of Water Affairs, Scientific Services, Pretoria, TR 136.

Van WYK, D.B. (1988): Precipitation chemistry in mountain fynbos catchments. - MacDONALD, I.A.W. & R.J.M. CRAWFORD (Hrsg.): Long-term data series relating to southern Afruca's renewable natural resources. South African National Scientific Programmes Report 157, 178-181.

VERSTRATEN, J.M. (1977): Chemical erosion in a forested watershed in the Oesling, Luxembourg - Earth Surface Processes, 2, 175-184.

VIEUX, B.E. (1991): Geographic Information Systems and non-point source water quality and quantity modelling. - Hydrol. Processes, 5, 101-113.

VOLKMANN, S. (1990): Probleme der Bodenversalzung in semi-ariden Klimaten - am Beispiel des Breede Flusses, Westliche Kap-Provinz, Republik Südafrika. - Dissertation, Institut für Bodenkunde, Universität Bonn.

WALLING, D.E. (1980): Water in the catchment ecosystem. - A.M. GOWER (Ed.): Water Quality in the catchment ecosystem. Chichester.

WALLING, D.E. & B.W. WEBB (1986): Solutes in river systems. - TRUDGILL, S.T. (Ed.):Solute Processes, Wiley-Interscience publication, 251-316.

WARD, R.C. 1975: Principles of Hydrology. - McGraw-Hill, England.

WARD, R.C. & J.C. LOFTIS (1986): Establishing statistical design criteria for water quality monitoring systems: review and synthesis. - Water Resources Bulletin, 22, 759-767.

WEBB, B.W. & D.E. WALLING (1974): Local variation in background water quality. - The Science of the Total Environment, 3, 141-153.

WEBB, B.W. & D.E. WALLING (1983): Stream solute behaviour in the river Exe basin, Devon, UK. - Dissolved Loads of Rivers and Surface Water Quantity/Quality Relationships. (Proceedings og the Hamburg Symposium, August, 1983). IAHS Publ. 141, 153-169.

WILCOX, L.V. (1962): Salinity caused by irrigation. - J. Amer. Waterworks Assoc., 54, 217-222.

WILLIAMS, R.J.B. (1976): The chemical composition of water from land drainage of Saxmundhum and Woburn 1970-75. - BACHE, B.W. (1983): The role of soil in determining surface water composition, Wat. Sci. Tech., 15, Copenhagen, 33-45.

WILLIAMS, W.D. (1987): Salinization of rivers and streams: an important environmental hazard. - AMBIO, 16, 180-185.

WITHERS, W., S. VIPOND & K. LECHER (1978): Bewässerung. - Berlin.

YURETICH, R.F. & G.L. BATCHELDER (1988): Hydrogeochemical cycling and chemical denudation in the Fort River Watershed, Central Massachusetts: An appraisal of mass-balance studies. - Water Resources Research, 24, 105-114.

ZADOROZHNAYA, R.G. (1983): Effect of return water from irrigated rice fields on the salinity of water in the Kilia branch of the Danube. - Hydrology and Hydrochemistry, Scripta Publishing Co., 69-75.

ZAPOROZEC, A. (1972): Graphical interpretation of water-quality data. - Ground Water, 10, 32-43.

ZVEREV, V.P. (1984): Evaluation of the intensity of some recent exogenic geological processes in the U.S.S.R. by the hydrogeochemical balance method. - Hydrochemical Balances of Freshwater Systems. (Proceedings of the Uppsala Symposium, September, 1984). IAHS Publ. 150, 277-285.

SUMMARY

This research project investigates the salinity dynamics of streams and rivers in the Breede River catchment in the western Cape Province, Republic of South Africa. The study area encloses 6700 km^2 of the upper Breede River catchment and was subdivided into 52 subcatchments, varying in size between 909 and 2.2 km^2, according to gauging stations and water quality sampling stations maintained by the Department of Water Affairs (Fig. 9). The major objectives of this study included the quantification and description of spatial variations in terms of areal precipitation, rainfall-runoff-relationships, salt concentrations and composition, atmospheric salt input, salt export as well as effects of evapoconcentration, geology and irrigated agriculture. Fluctuations in salt content and composition over time were compared for a monitoring period of up to 12 years.

In addition to physical-geographical data such as climate, geology, soils and land use, two data bases were available for this study covering the period 1978 to 1989, one containing chemical analyses of monthly, weekly and daily water samples and the other accommodated continuous streamflow records.

The objectives were:

1. investigation of the salinity dynamics of 52 streams and rivers,
2. determination of areal precipitation and atmospheric salt input, including the evaluation of their effects on the salt content of streams and rivers,
3. investigation of hysteresis effects and separation of runoff components,
4. combination of tracer ions and ion ratios with streamflow data to identify salt sources (chemical fingerprinting), and
5. setting up of a GIS for the acquisition and analyses of catchment parameters and the presentation of spatially distributed results.

Results are summarised as follows:

Streams and rivers have a mean salt concentration ranging from 21 to about 3000 mg l^{-1} (Tab. 12). The coefficient of variation ranges from 19 to 104 %. This variation of the salt content has its major cause in the dilution effect during runoff events. The study of the relationship between salt content and streamflow shows that this relationship becomes increasingly significant with the increase in salt concentration. Only four out of 34 investigated streams and rivers showed a coefficient of determination above 50 %, and 17 stations showed a coefficient of determination of less than 10%. Five characteristic relationships between salt concentration and streamflow were differentiated and described.

The determination of areal precipitation was based on minute-by-minute of a degree grid values, provided by the Department of Agricultural Engineering, University of

Natal, and on digitised catchment boundaries. Catchments with a mean annual areal precipitation ranging between 1300 and 1600 mm are situated in the upper, south western part of the study area, which has an elevation of up to 1800 m and is characterised by quartzitic and sandstone formations. These catchments have a runoff-coefficient between 30 and 70 % (Tab. 13, Fig. A10). In contrast, catchments situated in the centre and north eastern parts of the study area have a mean annual areal precipitation ranging from 276 to 500 mm, with associated runoff coefficients between 0.7 and 10 %. The mean annual areal precipitation for the study area is 636 mm, with a runoff coefficient of 21.5%.

The atmospheric salt input ranges from 150 to 250 kg ha^{-1} y^{-1} in the south western catchments to about 40-80 kg ha^{-1} y^{-1}. The salt concentration rises due to eva-poconcentration from between 9 and 14 to about 55 mg l^{-1} (Fig. 17). In the arid catchments, a rise to up to 1000 mg l^{-1} is possible, which demonstrates the role of atmospheric deposition with subsequent evapoconcentration in the salinity dynamics of receiving streams.

The trends of both salt concentration and salt load were determined on the basis of monthly means and, after deseasonalisation of the time series, by means of non-parametric procedures. Both significant positive and negative trends were determined. In most cases, the positive trend is caused by the variation in precipitation during the observation period of 5 to 12 years. Within the observation period 1979 to 1989, the years 1986 to 1988 were particularly dry.

The trend of salt concentration during the main irrigation season from October to April shows highly significant positive salt trends for four subcatchments with intensive irrigated agriculture. These trends are interpreted as result of both expansion and intensification of irrigated agriculture or change of irrigation technique in connection with the decreasing trend in runoff during the observation period.

The seasonal fluctuation of the salt load follows the seasonal runoff regime, which is explained by a higher variation of streamflow than salt concentration. Consequently, the major part of the salt export occurs during the rainy season in winter, when low salt concentrations and high runoff are prevalent.

The specific salt load ranges from 15 to 383 kg $ha^{-1}y^{-1}$ (Tab. 19). The mean value for the study area is 121 000 t y^{-1} or 181 kg $ha^{-1}y^{-1}$. When the salt load is weighted according to precipitation, insight into the salt export per mm of rainfall is gained (Fig. A13).

The chemical character of the streams and rivers was analysed by excluding all suspicious analyses values from the chemical data base and then calculating the properties of cations and anions as well as a number of selected ion ratios. With very few exceptions, a chemical composition of Na >> Mg > Ca and Cl >> HCO_3 > SO_4 is present (Tab. 20). Sodium and chloride dominate in their respective ion groups between 45 and 70% (Tab. 20). After Meybeck (1976), this characteristic is found in less than 0.1% of the 496 world-wide investigated rivers. Catchments with high proportions of Bokkeveld or Ecca have higher proportions of sulphate than of bicarbonate because of the presence of pyrite in these geological formations.

Proportions of bicarbonate and potassium do not show seasonal variations. In contrast, there is a significant seasonality of calcium, sodium, chloride and sulphate proportions (Fig. 31). An increase in the proportions of sodium in summer is balanced by a decrease in calcium. This indicates the increased exchange of calcium against sodium in the soil during the irrigation period. Only rivers draining catchments with intensive irrigated agriculture show a significant fluctuation in their chemical characteristics, particularly in their Na:Ca, Ca:Mg and SO_4:HCO_3 ratios.

An investigation of the longitudinal trend of the Breede river shows that the sodium level increases steadily from about 50 % to above 60 % (Fig. 32), while magnesium, calcium and sodium proportions decrease. In the intensively irrigated Poesjesnels catchment, a significant negative trend of the bicarbonate level of about 4% annually is explained by the change of the leaching fraction due to a widespread replacement of sprinkler irrigation by drip irrigation.

The change in chemical composition as a result of change in runoff was quantified. Generally, sodium and chloride proportions decrease with an increase in streamflow. This is due to the dissolution processes associated with the groundwater fluxes which feed the baseflow. An increase in bicarbonate with an increase in streamflow has its cause from the higher carbondioxide content in the top soil. Potassium and sulphate are mainly transported with surface runoff and have their sources in the dissolution of lime and potassium fertilisers.

This study has shown that the available chemical data base is suited for the quantification and characterisation of the salinity dynamics in streams and rivers. Other investigations, such as the analysis of hysteris during flood events or the estimation of atmospheric salt input must be understood as first "educated guestimations".

Similar studies will require ideally a nested monitoring network with daily or hourly sampling frequencies, at least for a few representative catchments of medium size. Particularly, the acquisition of rainfall quality and soil chemistry, of interflow dynamics and groundwater levels, in connection with the detailed mapping of topography, soils, geology and land use would enable a better understanding of salt sources and of the salt transport processes.

ANHANG

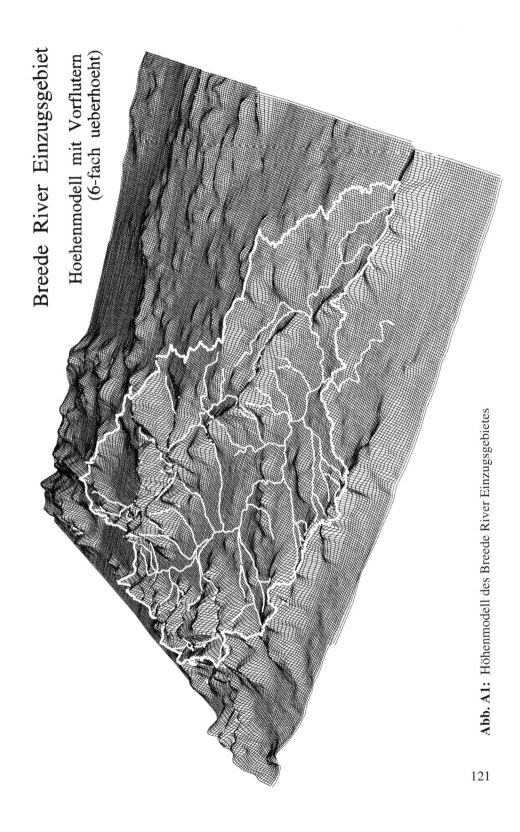

Abb. A1: Höhenmodell des Breede River Einzugsgebietes

121

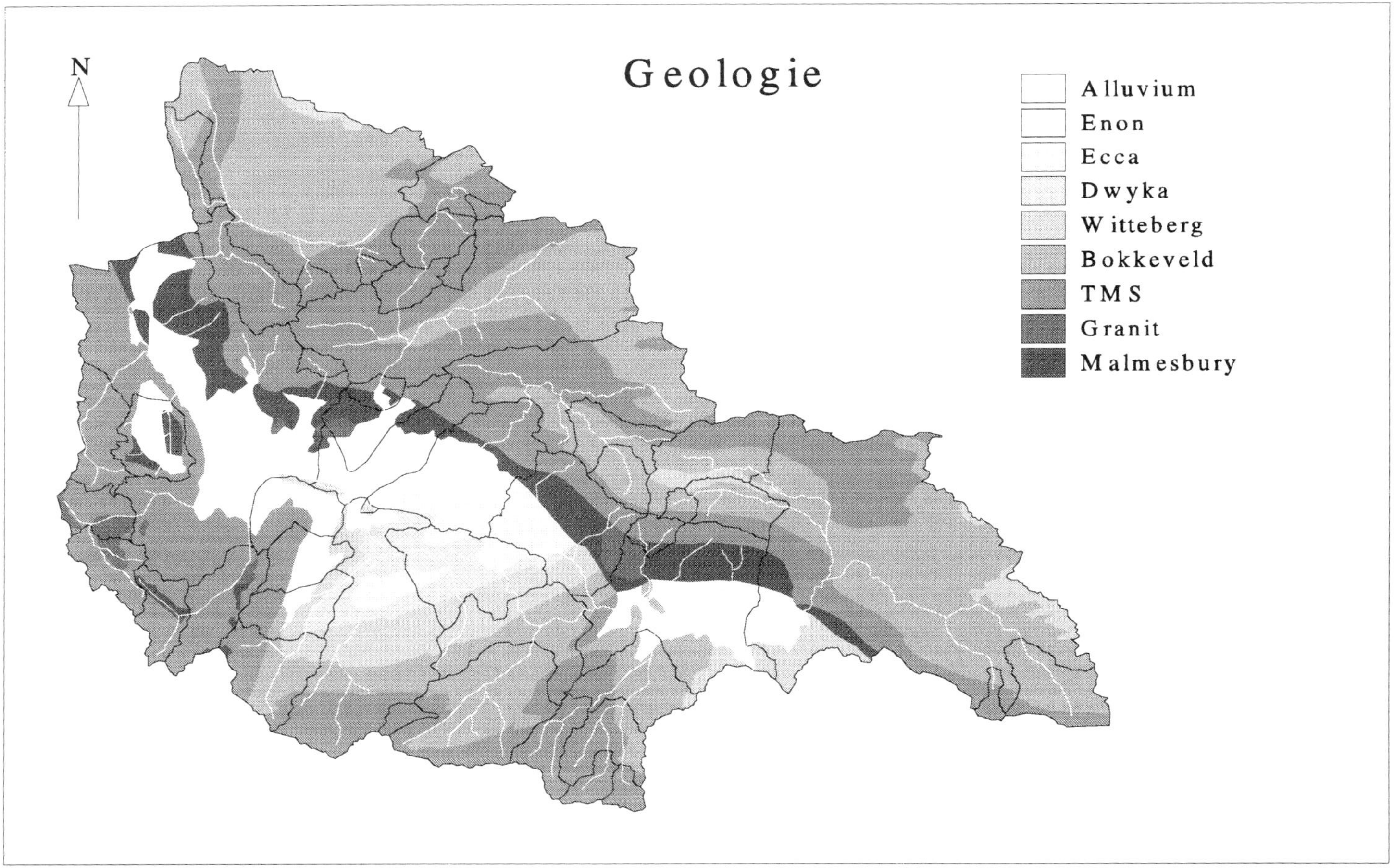

Geologie

Alluvium
Enon
Ecca
Dwyka
Witteberg
Bokkeveld
TMS
Granit
Malmesbury

N

Abb. A2: Geologie im Untersuchungsgebiet

Breede River Einzugsgebiet
Hoehenmodell mit Geologie und Vorflutern

Alluvium
Enon
Ecca
Dwyka
Witteberg
Bokkeveld
TMS
Granit
Malmesbury

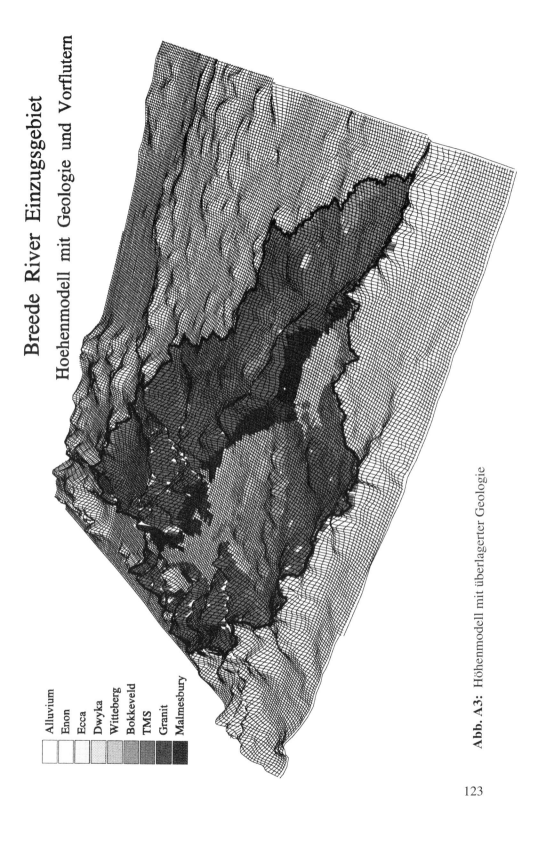

Abb. A3: Höhenmodell mit überlagerter Geologie

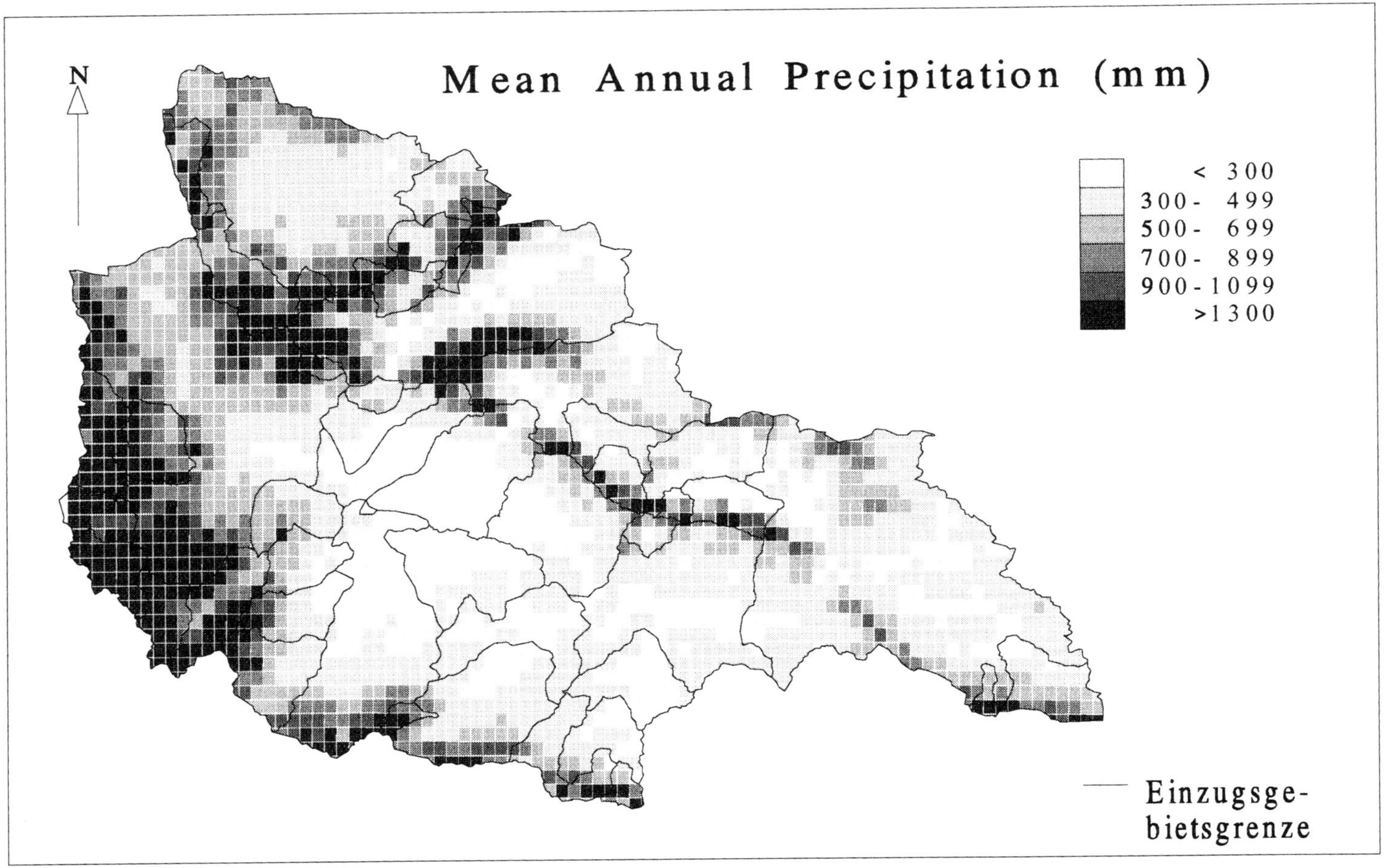

Mean Annual Precipitation (mm)

< 300
300 - 499
500 - 699
700 - 899
900 - 1099
>1300

N

Einzugsge-
bietsgrenze

Abb. A4: Mittlerer Jahresniederschlag

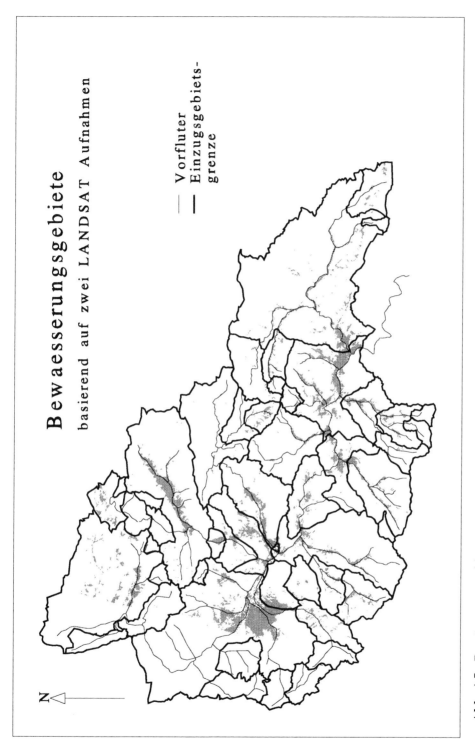

Abb. A5: Bewässerungsgebiete

125

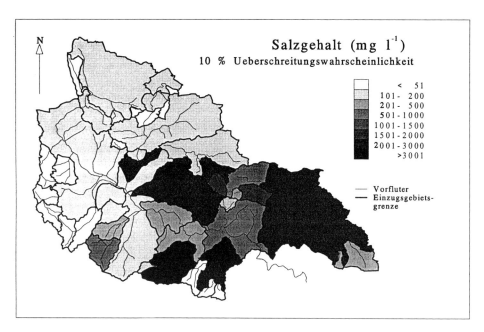

Abb. A6: Salzgehalt: 10% Überschreitungswahrscheinlichkeit

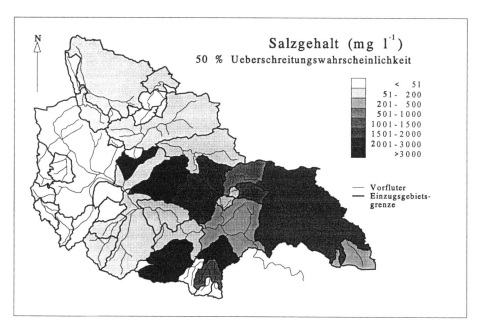

Abb. A7: Salzgehalt: 50% Überschreitungswahrscheinlichkeit

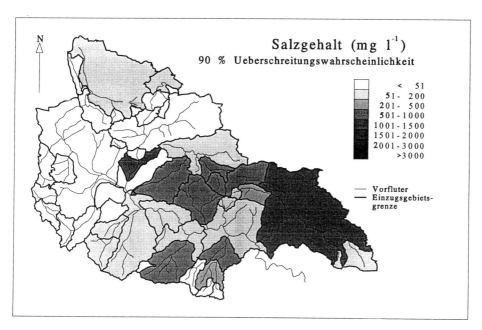

Abb. A8: Salzgehalt: 90% Überschreitungswahrscheinlichkeit

Abb. A9: Räumliche Verteilung der Saisonalität des Salzgehaltes

127

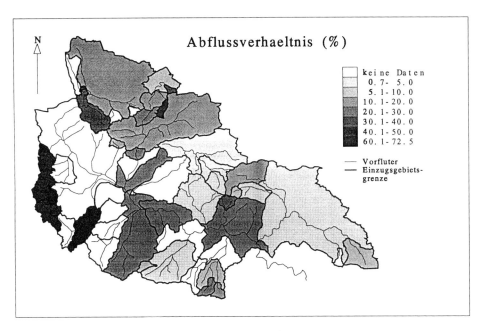

Abb. A10: Abflußverhältnisse der Einzugsgebiete

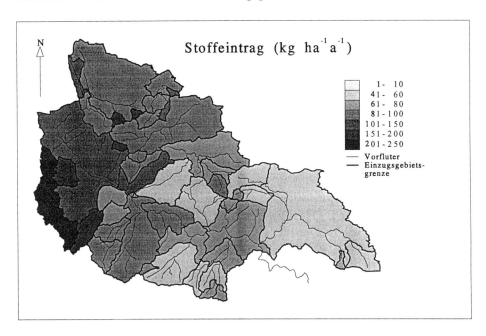

Abb. A11: Stoffeintrag in die Einzugsgebiete

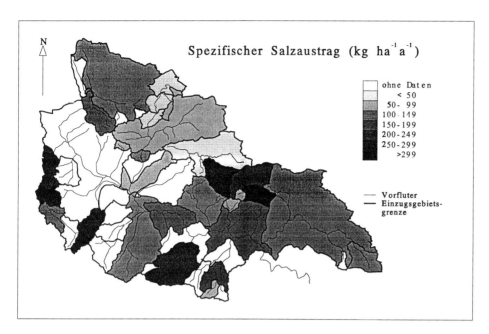

Abb. A12: Spezifischer Salzaustrag der Einzugsgebiete

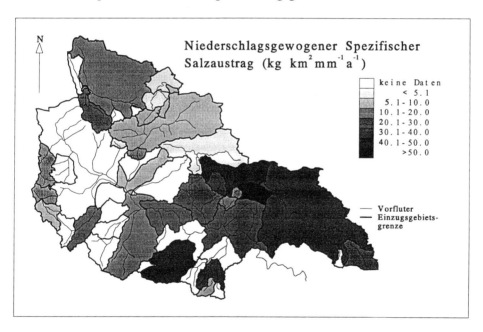

Abb. A13: Niederschlagsgewogener spezifischer Salzaustrag der Einzugsgebiete

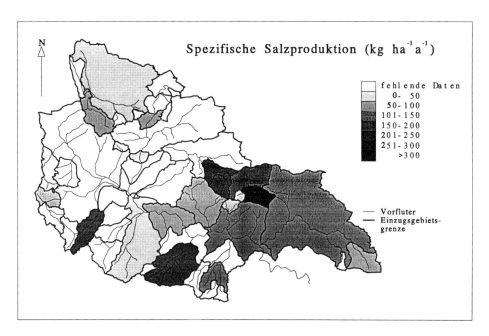

Abb. A14: Spezifische Salzproduktion der Einzugsgebiete

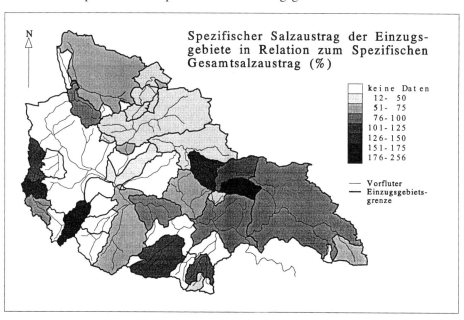

Abb. A15: Salzaustrag der Einzugsgebiete in Relation zum Gesamtsalzaustrag aus
dem Untersuchungsgebiet

130

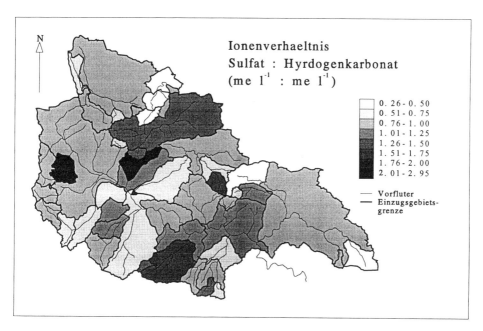

Abb. A16: Ionenverhältnis Sulfat : Hydrogenkarbonat der Vorfluter

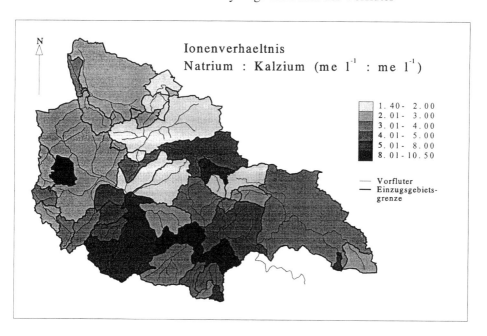

Abb. A17: Ionenverhältnis Natrium : Kalzium der Einzugsgebiete

131

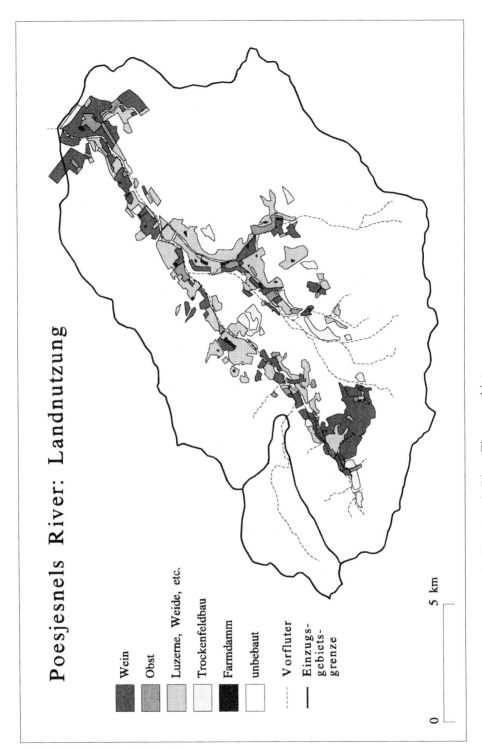

Poesjesnels River: Landnutzung

Wein

Obst

Luzerne, Weide, etc.

Trockenfeldbau

Farmdamm

unbebaut

Vorfluter

Einzugs-
gebiets-
grenze

0   5 km

Abb. A18: Landnutzung im Poesjesnels River Einzugsgebiet

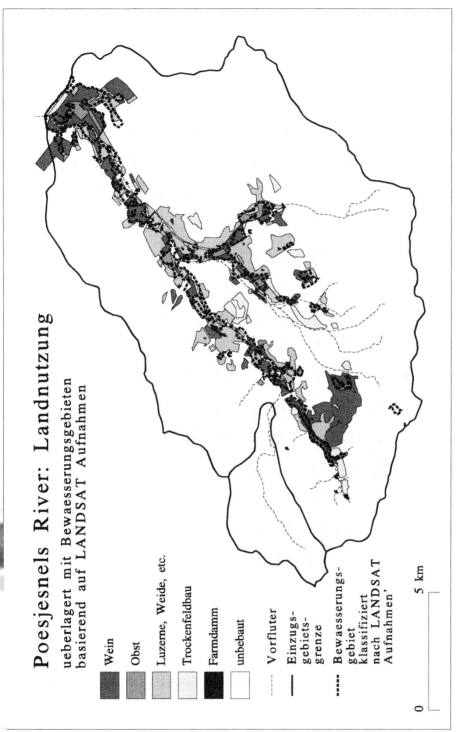

Poesjesnels River: Landnutzung

ueberlagert mit Bewaesserungsgebieten basierend auf LANDSAT Aufnahmen

Wein

Obst

Luzerne, Weide, etc.

Trockenfeldbau

Farmdamm

unbebaut

Vorfluter

Einzugs-
gebiets-
grenze

Bewaesserungs-
gebiet
klassifiziert
nach LANDSAT
Aufnahmen'

0   5 km

Abb. A19: Vergleich von kartierter Landnutzung und Bewässerungsklassifikation anhand von LANDSAT-Aufnahmen im Poesjesnels River Einzugsgebiet

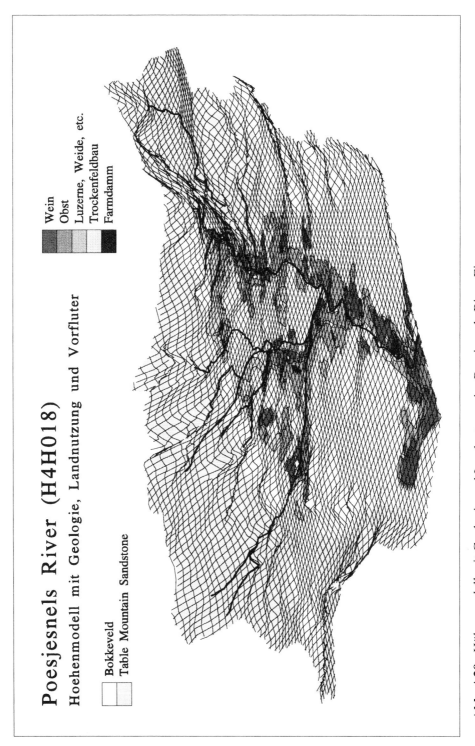

Poesjesnels River (H4H018)

Hoehenmodell mit Geologie, Landnutzung und Vorfluter

Bokkeveld
Table Mountain Sandstone

Wein
Obst
Luzerne, Weide, etc.
Trockenfeldbau
Farmdamm

Abb. A20: Höhenmodell mit Geologie und Landnutzung im Poesjesnels River Einzugsgebiet

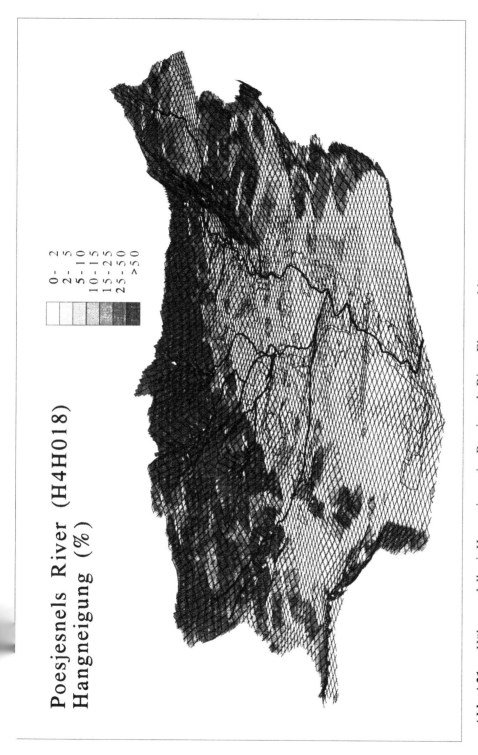

Abb. A21: Höhenmodell mit Hangneigung im Poesjesnels River Einzugsgebiet

135

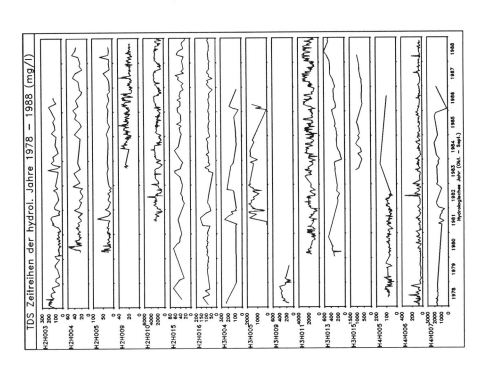

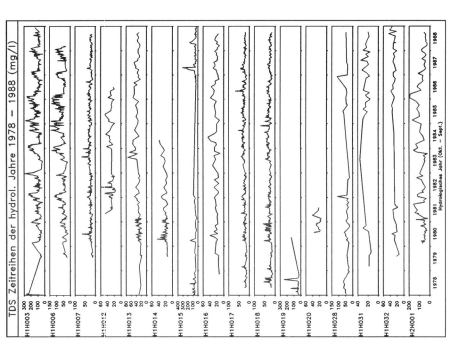

Abb. A22: Ganglinien des Gesamtsalzgehaltes der Einzugsgebiete

136

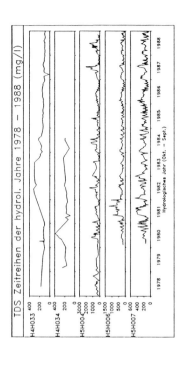

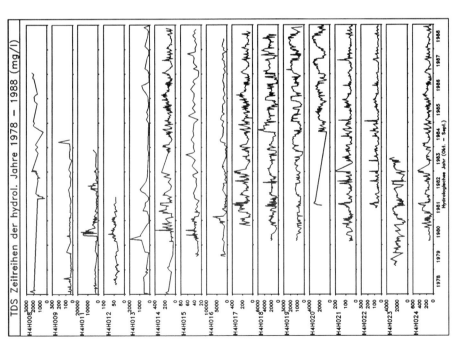

Abb. A22 (Fortsetzung)

137

Tab. A1: Anteile der wichtigsten Geologischen Formationen

Einzugs-gebiet	TMS	Bokke-veld	Witte-berg	Malmes-bury	Dwyka	Ecca	Enon	Granit	Allu-viumn
H1H003	27.01	70.19	2.80	0	0	0	0	0	0
H1H006	100.00	0	0	0	0	0	0	0	0
I11I007	99.84	0	0	0.05	0	0	0	0.12	0
H1H012	90.79	0	0	4.58	0	0	0	4.63	0
H1H013	100.00	0	0	0	0	0	0	0	0
H1H014	100.00	0	0	0	0	0	0	0	0
H1H015	46.13	0	0.18	17.75	0	0	0	0.59	35.34
H1H016	100.00	0	0	0	0	0	0	0	0
H1H017	83.39	0	0	0.32	0	0	0	16.29	0
H1H018	65.31	0	0	0	0	0	0	34.69	0
H1H019	33.47	0	0	22.52	0	0	0	0	44.01
H1H020	100.00	0	0	0	0	0	0	0	0
H1H028	30.91	0	8.02	0	0	0	0	0	61.07
H1H031	81.36	0	0	18.64	0	0	0	0	0
H1H032	64.25	35.75	0	0	0	0	0	0	0
H2H001	57.83	42.17	0	0	0	0	0	0	0
H2H003	42.58	0	0	36.78	0	0	0	0	20.63
H2H004	100.00	0	0	0	0	0	0	0	0
H2H005	100.00	0	0	0	0	0	0	0	0
H2H009	100.00	0	0	0	0	0	0	0	0
H2H010	19.82	0	0	27.64	0	0	0	8.94	43.61
H2H015	100.00	0	0	0	0	0	0	0	0
H2H016	63.20	36.80	0	0	0	0	0	0	0
H3H004	34.11	64.93	0.96	0	0	0	0	0	0
H3H005	25.33	61.94	12.73	0	0	0	0	0	0
H3H009	74.74	25.26	0	0	0	0	0	0	0
H3H011	29.90	52.67	9.12	3.63	0	0	1.83	0	2.85
H3H013	20.21	79.79	0	0	0	0	0	0	0
H3H015	41.53	44.66	13.82	0	0	0	0	0	0
H4H005	79.04	0	0	15.30	0	0	0	5.66	0
H4H006	19.61	0	2.83	14.51	0	0	0.23	1.35	61.48
H4H007	15.45	84.36	0.19	0	0	0	0	0	0
H4H008	31.25	68.56	0.19	0	0	0	0	0	0
H4H009	98.51	1.50	0	0	0	0	0	0	0
H4H011	22.31	67.08	2.76	0	0	0	0	0	7.85
H4H012	100.00	0	0	0	0	0	0	0	0
H4H013	43.25	40.96	14.61	1.18	0	0	0	0	0
H4H014	24.63	16.78	27.39	0	19.06	7.82	0	0	4.33
H4H015	100.00	0	0	0	0	0	0	0	0
H4H016	70.02	29.98	0	0	0	0	0	0	0
H4H017	0	0	27.00	0	49.83	23.17	0	0	0
H4H018	35.07	64.93	0	0	0	0	0	0	0
H4H019	20.43	4.18	11.56	27.63	1.69	25.34	2.71	6.46	0
H4H022	44.40	0	9.53	0	0	0	2.46	0	46.07
H4H023	27.08	0.40	0.03	8.40	0.71	20.51	15.31	0	27.56
H4H024	13.47	55.63	30.90	0	0	0	0	0	0
H4H033	55.88	44.12	0	0	0	0	0	0	0
H4H034	28.37	7.84	26.78	0	23.24	0	0	0	13.77
H5H004	13.70	17.40	6.75	22.00	0	0	11.12	4.54	24.49

Tab. A2: Wichtige Ionenverhältnisse der Vorfluter

Einzugs-gebiet	Na : Cl	Na : Ca	Cl : HCO₃	% SO₄	SO₄ : HCO₃	Cl : SO₄	Ca : Mg
H1H003	0.810	2.39	3.25	9.21	0.935	3.39	0.810
H1H006	0.830	2.47	2.83	9.06	0.840	3.44	0.810
H1H007	0.920	2.60	1.88	12.46	0.830	2.27	0.610
H1H012	1.100	3.48	1.76	9.09	0.740	2.73	0.610
H1H013	0.930	3.48	2.82	8.54	0.770	3.38	0.610
H1H014	1.020	2.60	0.94	10.16	0.520	2.04	0.610
H1H015	0.770	2.61	3.88	8.06	0.870	4.15	0.610
H1H016	0.770	2.60	1.69	10.90	0.770	2.27	0.610
H1H017	0.920	2.60	1.76	9.68	0.820	2.69	0.610
H1H018	0.960	3.48	1.88	9.69	0.770	2.73	0.610
H1H019	1.010	8.49	8.17	10.86	2.540	3.22	0.410
H1H020	1.150	2.60	0.94	10.05	0.520	1.82	0.610
H1H028	0.945	4.57	2.06	7.65	0.695	3.85	0.550
H1H031	0.880	3.48	1.76	6.65	0.520	4.10	0.610
H1H029	1.025	3.04	1.20	12.01	0.730	1.93	0.610
H1H032	0.995	3.48	1.82	8.46	0.520	3.21	0.610
H2H001	0.890	1.52	2.19	14.39	1.360	1.68	1.160
H2H003	0.880	1.48	2.31	16.05	1.390	1.51	1.210
H2H004	0.960	2.60	1.50	7.69	0.440	3.65	0.610
H2H005	1.020	1.74	1.16	9.85	0.780	1.86	0.610
H2H009	0.920	2.60	1.59	12.57	0.870	1.82	0.610
H2H010	1.080	3.91	4.56	17.03	2.950	1.59	0.560
H2H015	0.850	1.74	1.59	6.78	0.420	4.10	1.210
H2H016	0.770	1.41	1.79	4.70	0.280	5.97	1.920
H3H004	1.120	2.18	1.51	11.37	0.730	2.07	1.060
H3H005	0.960	2.73	2.46	11.59	1.050	2.40	0.665
H3H009	0.930	5.82	4.44	7.44	0.945	4.71	0.485
H3H011	0.925	3.84	3.30	8.04	0.805	4.00	0.650
H3H013	1.070	2.23	1.20	7.07	0.390	3.40	0.750
H3H015	1.090	1.90	1.16	5.17	0.260	4.47	1.210
H4H005	0.870	3.48	3.42	8.54	0.830	3.80	0.610
H4H006	0.820	1.85	2.77	10.49	1.050	2.78	0.880
H4H007	0.830	1.79	3.88	13.94	1.710	1.98	0.960
H4H008	0.900	7.39	4.40	5.99	0.730	6.64	0.610
H4H009	1.060	7.10	3.18	6.74	0.680	4.97	0.525
H4H011	0.880	8.70	5.47	5.22	0.690	7.74	0.610
H4H012	0.830	5.04	6.30	7.35	1.420	4.98	0.480
H4H013	0.880	6.96	4.51	7.42	0.870	5.43	0.610
H4H014	1.160	6.78	2.60	7.01	0.600	4.43	0.550
H4H015	0.900	3.91	4.39	9.50	1.280	3.44	0.610
H4H016	0.920	4.86	5.04	7.26	0.990	4.93	0.560
H4H017	0.820	2.51	3.52	7.32	0.790	4.51	0.840
H4H018	0.930	3.82	4.63	11.77	1.730	2.66	0.595
H4H019	0.870	3.48	3.53	8.79	0.875	3.69	0.610
H4H020	0.930	4.12	4.59	11.72	1.690	2.67	0.560
H4H022	0.920	4.35	4.36	8.94	1.175	3.73	0.610
H4H023	0.820	1.74	1.96	7.57	0.535	3.64	0.945
H4H024	0.930	10.44	7.67	5.84	1.230	6.95	0.360
H4H033	0.940	4.75	4.16	8.16	0.990	4.07	0.570
H4H034	0.930	4.60	4.10	8.30	1.020	4.00	0.600
H5H004	0.930	4.49	4.20	8.49	1.080	3.93	0.610

HEIDELBERGER GEOGRAPHISCHE ARBEITEN[*]

[*]Nicht aufgeführte Hefte sind vergriffen.

Heft 58	Hellmut R. Völk: Quartäre Reliefentwicklung in Südostspanien. Eine stratigraphische, sedimentologische und bodenkundliche Studie zur klimamorphologischen Entwicklung des mediterranen Quartärs im Becken von Vera. 1979. 143 Seiten, 1 Karte, 11 Figuren, 11 Tabellen, 28 Abbildungen. DM 28,--
Heft 59	Christa Mahn: Periodische Märkte und zentrale Orte - Raumstrukturen und Verflechtungsbereiche in Nord-Ghana. 1980. 197 Seiten, 20 Karten, 22 Figuren, 50 Tabellen. DM 28,--
Heft 60	Wolfgang Herden: Die rezente Bevölkerungs- und Bausubstanzentwicklung des westlichen Rhein-Neckar-Raumes. Eine quantitative und qualitative Analyse. 1983. 229 Seiten, 27 Karten, 43 Figuren, 34 Tabellen. DM 39,--
Heft 62	Grudrun Schultz: Die nördliche Ortenau. Bevölkerung, Wirtschaft und Siedlung unter dem Einfluß der Industrialisierung in Baden. 1982. 350 Seiten, 96 Tabellen, 12 Figuren, 43 Karten. DM 35,--
Heft 64	Jochen Schröder: Veränderungen in der Agrar- und Sozialstruktur im mittleren Nordengland seit dem Landwirtschaftsgesetz von 1947. Ein Beitrag zur regionalen Agrargeographie Großbritanniens, dargestellt anhand eines W-E-Profils von der Irischen See zur Nordsee. 1983. 206 Seiten, 14 Karten, 9 Figuren, 21 Abbildungen, 39 Tabellen. DM 36,--
Heft 65	Otto Fränzle et al.: Legendenentwurf für die geomorphologische Karte 1:100.000 (GMK 100). 1979. 18 Seiten. DM 3,--
Heft 66	Dietrich Barsch und Wolfgang-Albert Flügel (Hrsg.): Niederschlag, Grundwasser, Abfluß. Ergebnisse aus dem hydrologisch-geomorphologischen Versuchsgebiet "Hollmuth". Mit Beiträgen von D. Barsch, R. Dikau, W.-A. Flügel, M. Friedrich, J. Schaar, A. Schorb, O. Schwarz und H. Wimmer. 1988. 275 Seiten, 42 Tabellen, 106 Abbildungen. DM 47,--
Heft 68	Robert König: Die Wohnflächenbestände der Gemeinden der Vorderpfalz. Bestandsaufnahme, Typisierung und zeitliche Begrenzung der Flächenverfügbarkeit raumfordernder Wohnfunktionsprozesse. 1980. 226 Seiten, 46 Karten, 16 Figuren, 17 Tabellen, 7 Tafeln. DM 32,--
Heft 69	Dietrich Barsch und Lorenz King (Hrsg.): Ergebnisse der Heidelberg-Ellesmere Island-Expedition. Mit Beiträgen von D. Barsch, H. Eichler, W.-A. Flügel, G. Hell, L. King, R. Mäusbacher und H.R. Völk. 1981. 573 Seiten, 203 Abbildungen, 92 Tabellen, 2 Karten als Beilage. DM 70,--
Heft 71	Stand der grenzüberschreitenden Raumordnung am Oberrhein. Kolloquium zwischen Politikern, Wissenschaftlern und Praktikern über Sach- und Organisationsprobleme bei der Einrichtung einer grenzüberschreitenden Raumordnung im Oberrheingebiet und Fallstudie: Straßburg und Kehl. 1981. 116 Seiten, 13 Abbildungen. DM 15,--
Heft 72	Adolf Zienert: Die witterungsklimatische Gliederung der Kontinente und Ozeane. 1981. 20 Seiten, 3 Abbildungen; mit farbiger Karte 1:50 Mill. DM 12,--
Heft 73	American-German International Seminar. Geography and Regional Policy: Resource Management by Complex Political Systems. Editors: John S. Adams, Werner Fricke and Wolfgang Herden. 1983. 387 Pages, 23 Maps, 47 Figures, 45 Tables. DM 50,--
Heft 74	Ulrich Wagner: Tauberbischofsheim und Bad Mergentheim. Eine Analyse der Raumbeziehungen zweier Städte in der frühen Neuzeit. 1985. 326 Seiten, 43 Karten, 11 Abbildungen, 19 Tabellen. DM 58,--

Sämtliche Hefte sind über den Selbstverlag des Geographischen Instituts, Universität Heidelberg, Im Neuenheimer Feld 348, 69120 Heidelberg, zu beziehen.

HEIDELBERGER GEOGRAPHISCHE BAUSTEINE*

Sämtliche Hefte sind über den Selbstverlag des Geographischen Instituts, Universität Heidelberg, Im Neuenheimer Feld 348, 69120 Heidelberg, zu beziehen.

---

*Nicht aufgeführte Hefte sind vergriffen.